圖解 有機EL

作者◇城戶淳二　譯者◇王政友
審訂◇台科大高分子工程系教授　李俊毅博士

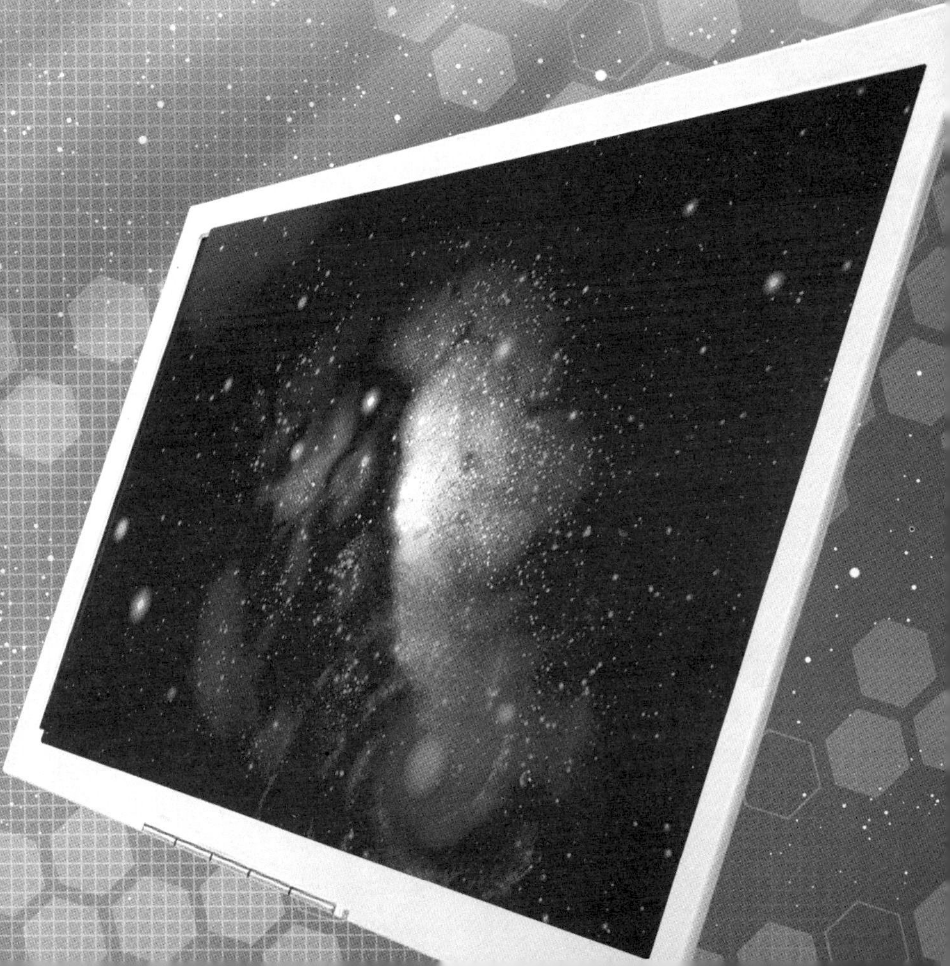

前言——二〇〇三年爲「有機ＥＬ元年」

「有機ＥＬ」被認爲是肩負著二十一世紀科技的關鍵技術重任而逐漸躍上檯面。不過，相信仍有許多人，即使能夠瞭解奈米技術或所謂「遍在（ubiquitous）」一詞的含意，卻一直還「想不透有機ＥＬ這種玩意兒」。

有機ＥＬ（Electroluminescence）意指「在玻璃或塑膠等材料上塗布有機物質，當通電（Electro）之後，使有機物質發出美麗的光（luminescence）」。有機物通常被認爲是絕緣體，但若巧妙地加以應用，則當加上電壓時，可以流通電流（導電性）並發出美麗的光線——其實這只是利用人工的技術實現螢火蟲等自然界中早已存在的「有機之光」而已。

若要指出有機ＥＬ的用處時，則我們日常使用的電視或個人電腦、行動電話上的顯示器，甚至家電製品的顯示面板等等，皆可利用有機ＥＬ製作。雖然其中的多數顯示器現今使用液晶製作，但若有機EL與液晶兩者予以比較，則有機EL的發光顏色遠較液晶爲美，在結構上也較液晶更薄，也無液晶那種受視野角度的限制，而且價格低廉，而近年來頗爲耀眼的電漿顯示器，若與極薄的有機EL比較，那就更顯出其厚重了。

實際上，使用有機 EL 時，也能夠製造出一種「較一般紙張更薄的顯示器——電子紙」。由於電子紙相當於一枚薄膜，因此能捲起以利攜帶，使用時再將之展開即可。今已完成其試製品，咸信不久之後將問世而成爲一種商品。

不僅如此，有機 EL 也可以使用於室內照明，這無疑是愛迪生以來的重大革命。迄今爲止所使用的白熱燈（電燈泡）爲點光源，而有機 EL 的照明則屬「面光源」，也就是光自整個平面發出，因此若將有機 EL 黏貼於天花板時，便可以獲得沒有燈影的照明，而且光線極爲亮麗柔和。若車燈使用有機EL，由於其薄如紙，因此可以有效地利用空間。

如上所述，有機 EL 將會帶來相當大的衝擊，應用範圍也相當廣泛，因此我們將二〇〇三年訂定爲「有機 EL 元年」，原因在於行動電話等的顯示面板已逐漸地由有機 EL 取代液晶的緣故。無論是彩度、精細度、亮度等，其性能與美麗可以說無與倫比，甚至於可稱之爲「終極的顯示器」。由以往美國曾感受並防範日本的高解析度技術，而以國防上的理由橫將其中相關的規格予以牽制的歷史可知，顯示器技術應屬國家階層的戰略技術，而位列於其最尖端者即爲有機EL。

有機 EL 自初試啼聲以來，只有日本孤寂地走在這條崎嶇的道路上，而終於成爲「日本原創的最尖端技術」，預計二〇一〇年將開出美麗的花朶並結果。不僅是顯示器而已，其中也包含了各分野的龐大技術。以現在的情況，無疑地，日本居於壓倒性的領先地位，但台灣與韓國正急起直追，究竟我們應如何面對這種問題，又有何種萬全的對策？

本人自二〇〇二年開始擔任日本經濟產業省有機 EL 的國家計劃總研究所主持人，針對與有機 EL 相關的若干大型研發工作，連繫國內的大學、企業界，進行不公開的計畫。有關於其中的部分將揭示於本書之中，個人認爲其走向將攸關今後技術的成功與否。

本書係以有機 EL 相關的材料、裝置、顯示板等製造廠家，以及照明、印刷等各種相關的企業或學生爲對象所編寫，同時針對希望了解有機 EL 的結構、製作方法、材料的設計以至於相關企業策略的讀者而執筆，希望藉由這本書能夠讓更多人對有機ＥＬ有更深入的瞭解。

在多數廠家的協助下，書中收集了許多最新的照片，也製作了相當數量的圖表，各頁的欄外則加上了「城戶 Note」註解。

若讀者在參閱本書之後，能夠對有機ＥＬ的瞭解獲得些許助益，則幸甚。

城戶淳二

目次

第2章◇從元件的製造至封裝保護

第3章◇顯示器之技術與市場

第6章◇尚待解決的課題是什麼？

第7章◇如何使有機EL立於不敗之地

序章

有機EL終於躍上檯面

1 次世代顯示器的候選技術

有機ＥＬ（Electroluminescence）一詞指得是有機ＥＬ元件或有機ＥＬ顯示器，而有機ＥＬ的技術被認爲是「次世代平面顯示器中最具潛力的候選技術」。

事實上，現今的顯示器有多種類別。第一爲電視（大型、中型），約占有全部顯示器市場的三成（見19頁）；個人電腦用顯示器（桌上型、筆記型）的數量更大，約占五成；而行動電話、ＰＤＡ、數位相機中的顯示器以及車上搭載的顯示面板等顯示器則占了其餘的部分。

最早登上檯面的顯示器爲陰極射線管型顯示器。雖然陰極射線管型電視的顯示能力極高，但當畫面尺寸增大時，其縱深隨之增加，重量也成比例增加。體積大爲其主要的缺點，另外，消耗電力也頗爲可觀。以往個人電腦用的顯示器也都屬陰極射線管方式，而這種顯示器即爲第一代的顯示器。

城戶 NOTE

有機 EL：（Electroluminescence）一種使有機物通過電流時發出光的技術。EL 為 Electroluminescence 之簡稱，並非 Electro Luminescence。

打破陰極射線管顯示器獨占鰲頭局面的顯示器爲「液晶顯示器」。液晶顯示器的最大特徵爲「形體薄」與「平面形狀」。雖然液晶顯示器最早使用於桌上型計算機上，但隨著液晶技術的改良，後來已全面使用於家電製品的顯示面板、個人電腦顯示器，尤其是在切入無法使用CRT的「筆記型電腦」相關新市場後，其使用量急遽成長。另外，行動電話、PDA、數位相機用的顯示器也均非液晶顯示器莫屬，接著又成功地開發出液晶電視。因而液晶顯示器可以說是第二代的顯示器。厚度相當薄的「平面顯示器」應該是液晶顯示器最重要的特點。

不過，雖然液晶顯示器可以製成相當薄的形狀而非陰極射線管顯示器所能夠比擬，事實上如本書後面的說明，就顯示器的基本能力而言，液晶顯示器其實並未達到理想的境地，無論自上或下方，或自水平方向觀看時，可以發現其中存在著顏色變化或反轉的現象，同時液晶顯示器的響應速度難以提高，待解決的問題仍多。

◆「液晶之後的新技術」已露曙光！

能夠克服液晶的弱點，進而取代液晶技術而倍受注目的顯示器，應該是以有機EL爲首的電漿顯示器（PDP：Plasma Display Panel）、FED（Field Emission

城戶 NOTE

PDP（Plasma Display Panel）：液晶係將一層液晶夾於 2 塊基板之間；PDP 則係將氣體夾於 2 塊基板之間，而有機 EL 僅使用一塊基板即可。

FED（Field Emission Display）：原理與陰極射線管相同，也必須使用 2 塊基板。

Display）等「次世代候補的平面型顯示器」。那麼，何以獨有其中的「有機EL」才是次世代的眞正候選者？讀者請參閱下頁的圖表即可瞭解其中的緣由。

該圖表爲日本經濟產業省所繪製。爲二〇〇〇年與二〇一〇年（預測）的市場比較。這裡所指得並非只針對國內市場，而是世界性的市場。實際上，在顯示器的世界裡，台灣和日本、韓國占有世界產能的大半，與國內狹小的市場相較之下，該圖表應該較爲客觀與符合現實。

預測到了二〇一〇年，陰極射線管式（CRT）顯示器，除了中、小型電視以外已無市場，液晶顯示器則將自二〇〇〇年的二・七兆日圓提升至四・七兆日圓（採用二〇一〇年預測的中間值，以下同），若從市場全體的擴展（五兆一千億→十一兆九百億日圓）趨勢看來，所得的分配反而下降。

那麼在次一世代裡，究竟是什麼樣的顯示器將取代液晶而大顯身手呢？

首先，雖然最近「大型電視」之廣告中頻頻出現電漿（PDP）二字，但由表可看出，電漿顯示器多應用在電視且僅適用於大型電視上，其缺點爲不易中小型化，發光元件的壽命較短、容易燒損。因此，即使到了二〇一〇年，預測也只能到四千億日圓左右。另外，與液晶相同，電漿顯示器的製造過程相當複雜，成本降低有其

城戶 NOTE

元件之壽命：通常，有機EL元件連續使用時，亮度至減半時的經過時間稱為元件的壽命。個人電腦用的顯示器若長時間顯示同一文字時，往往將產生問題。

預計 2010 年時各種顯示器的需要情況

顯示器＼用途	電視用		個人電腦用		行動電話、PDA、數位相機等	汽車用顯示面板	總需要（兆日圓）	
	中小型（9 吋）	大型（30 吋）	筆記型	桌上型			2000 年	2010 年

	中小型 2000 年	中小型 2010 年	大型 2000 年	大型 2010 年	筆記型 2000 年	筆記型 2010 年	桌上型 2000 年	桌上型 2010 年	行動電話等 2000 年	行動電話等 2010 年	汽車用 2000 年	汽車用 2010 年	總需要 2000 年	總需要 2010 年
需要規模（兆日圓）	1.2	2.5	0.3	1.5	1.1	2.2	1.5	3.4	1.0	2.0	0.1	0.3	5.1	11.9

	中小型（2000 年→2010 年）	大型	筆記型	桌上型	行動電話、PDA、數位相機等	汽車用顯示面板	總需要 2000 年	總需要 2010 年
①陰極射線管	◎→○	○→—	— —	◎→△	— —	— —	2.3	1.1～2.0
②液晶 LCD	△→○	—→△	◎→◎	○→○	◎→○	◎→○	2.7	2.8～6.0
③電漿（PDP）	— —	○→○	— —	— —	— —	— —	0.1	0.2～0.6
④有機 EL	—→○	—→△	—→◎（註 1）	—→○	△→◎	—→◎	—	2.5～5.7
⑤ FED	—→△	—→◎	— —	— △	— —	—→○	—	0.5～2.4

（註 1）有機 EL 的發光效率已大幅增加，若已能夠實現被動式之驅動方式，或實現以有機半導體驅動的大型顯示器時，記號便改為○。

（註 2）液晶與有機 EL 在 2010 年間，將競食 7.1～9.9 兆日圓的市場，由於有機 EL 的性能逐漸提升，瓜分市場的比例將大幅改變。

資料來源：經濟產業省技術調查室「技術調查報告（第 1 號）」

預測到 2010 年時，有機日本 EL 的分配情況

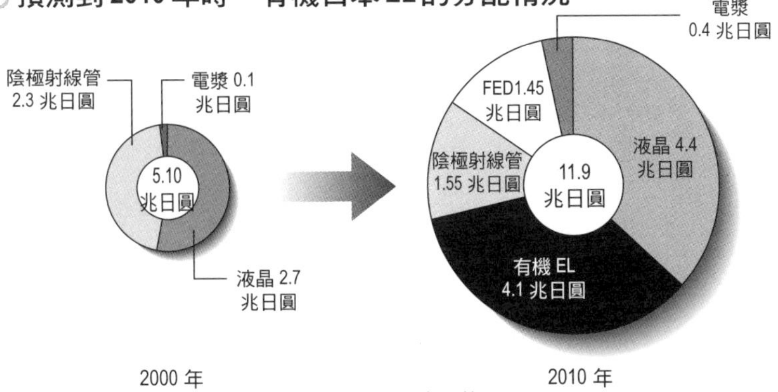

※ 2010 年的數字使用日本經濟產業省預測值之中間值

城戶 NOTE

（註 1）之註：由於發光效率飛躍地增加，已可實現非晶矽 TFT 驅動的有機 EL 顯示器， 40 吋以下之尺寸在製造上已無問題，因此，圖中的記號可以從△改變為○。

困難。二〇〇二年12月，日本電漿五大業者發表共同開發的目標，主要也是針對如何降低成本。甚至有人預測，後來才開始發展的FED將會對PDP造成威脅。

FED（Field Emission Display）可以想像為「將陰極射線管予以薄型化的顯示器」。最近已開始應用令人感興趣的奈米碳管（nano carbon）技術，不過在現實上，產品的商品化為時尚早，就現在而言，尚難看出FED有商品化的端倪。

至於使用無機螢光體的無機EL（參照左頁的下圖）則早已達到商品化。尤其是薄膜無機EL之類型，由於具有耐久性高的優點而被應用於FA機器或車載用的顯示器上。但藍色的發光元件尚有若干問題未能解決，仍無法實現全彩色化的要求。十多年前日語之文字處理器中所搭載的顯示器採高電壓，交流驅動方式，由於消耗電力頗高，故無法與液晶抗衡而消聲匿跡。最近，加拿大愛發亞公司技術所製作的厚膜無機EL元件，已能提高藍色光的亮度與效率，三洋電機或TDK便開始進行大型全彩顯示器的研發。但在行動裝置用途上，高消耗電力將成為其致命傷，在30吋大小的電視監視器市場上，陰極射線管、液晶、PDP等又在一旁虎視眈眈，無機EL到底能占得多少市場，便是相當嚴肅的問題。

另外，使用塑膠薄膜之基板，將無機螢光體粉末分散於高分子（polymer）中所

城戶 NOTE

Polymer 分散無機 EL 與有機 EL 經常被混淆，應留意！

顯示器技術之性能比較

顯示器	現狀（實用化階段）	將來性
陰極射線管（CRT）	·TV 用之主流 ·大量生產	·低成本高畫質。 ·耐久性高。 ·無法製成較薄的產品。 ·未來性較低。
液晶（LCD）	·筆記型 PC、行動電話等之主流	·以中小型為中心，咸信仍將持續被應用一段時間。 ·消費電力較陰極射線管（CRT）為低。 ·耐久性高。 ·現今之狀況下仍存在亮度與顯示速度等問題。
電漿顯示器（PDP）	·薄型、大畫面 TV 用已完成製品化	·大畫面薄型之展示用監視器或大型 TV 已相當普及。 ·具消費電力大之缺點，生產成本高。 ·畫素之高精緻化困難。
有機 EL	·部分之行動電話已完成製品化	·應用於行動電話等攜帶用機器、TV 用、個人電腦等廣泛的用途。 ·現狀之下，消費電力較陰極射線管為低，約與液晶相當。 ·高畫質。 ·現狀之下耐久性仍存在些許問題。 ·發光效率與高耐久性材料之研發仍為今後的課題。
場發射顯示器（FED）	·試作階段	·若確立薄型與大畫面之技術時，將可能取代 PDP。 ·消費電力較陰極射線管（CRT）為低。 ·高畫質。 ·將來可以使用於中小型。

資料來源：經濟產業省技術調查室「技術調查報告（第 1 號）」

顯示器之分類

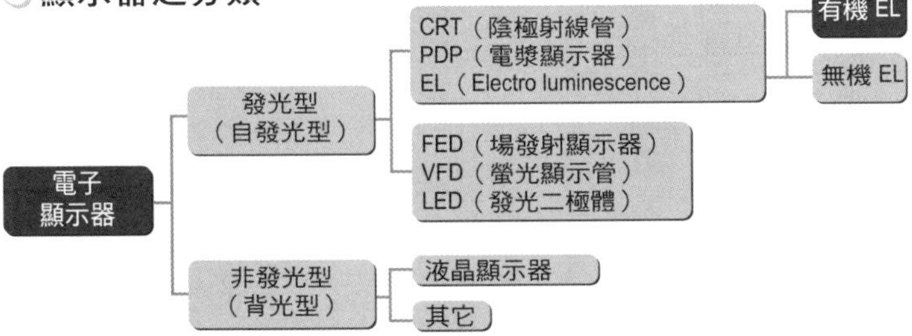

城戶 NOTE

在動作機構上，有機 EL 與使用無機化合物半導體的 LED 皆同為電荷注入型，歐美地區多稱為有機 LED（Organic LED），國內現今也逐漸採用有機 LED（OLED）這種名稱。

製成的高分子分散無機ＥＬ元件，由於其厚度相當薄，故一部份已使用於時鐘的背面光或廣告畫的背面光照明上。但由於無法得到較高的亮度，壽命也僅只數千小時，故仍無法普及。另外，薄膜無機ＥＬ也有同樣問題，使用高電壓、交流驅動，必須使用變流器，尤其是大面積發光元件的場合，必須使用較大的變流器，噪音也因而成為另一個問題。

世界最初的有機 EL 製品（Pioneer）

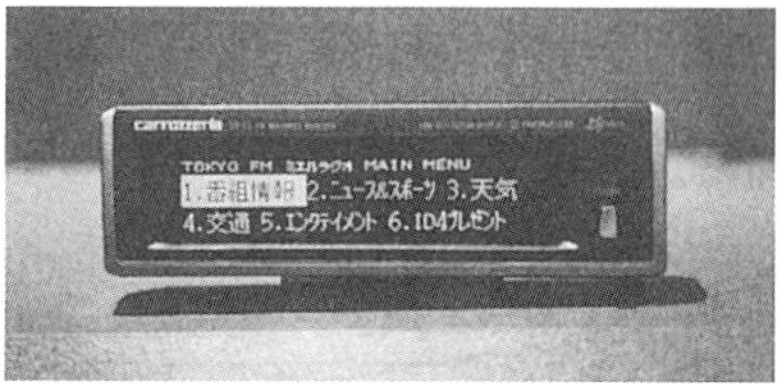

（看得見的 radio）

◆在顯示器市場中展現威力的「有機ＥＬ」

那麼，有機ＥＬ的情況又如何？事實上，一九九七年，先鋒公司（Pioneer）便已率先推出有機ＥＬ之製品（產品名稱：看得見的收音機），使用於汽車音響或行動電話上，並已販售至國外，於二〇〇三年正式推出問世。19頁的圖表中也顯示，到了二〇一〇年預測約有四兆一千億日圓的產值，約為電漿的十倍，為一舉超出液晶的一種新關鍵技術產業。「註2」中也指出，液晶將與有機 EL 進行激烈的短兵對抗，加以有機ＥＬ性能的逐漸向上提升，將來所占的比例很

城戶 NOTE

Pioneer 最初的製品「看得見的收音機」幾乎為人工製造，獲頒美國顯示器學會獎。

可能發生變化。

實際上，「有機EL的唯一弱點」爲元件壽命較短，但在這2～3年間已大幅的向上提升。以往元件的壽命約爲1萬～2萬小時，到了二〇〇二年已開發出壽命達「10萬小時以上」的元件，性能已飛躍的提升。

有機EL強勢的地方並不單只是高性能而已（以後將進行與液晶間的對比），從電視乃至於個人電腦、行動電話、汽車用顯示面板等各種顯示器市場皆能夠適用有機EL。現在，已有部分15～17吋級的中小型電視使用有機EL顯示器，而60吋之電視也已進入開發階段。

有機 EL 之市場

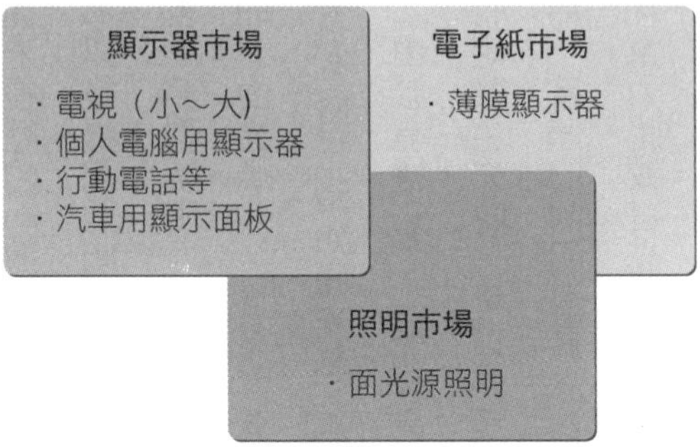

◆照明市場將改變、帶來電子紙時代的有機EL

筆者曾在本書之始，提及有機EL爲「次世代平面顯示器的候選技術」，其實這種說法並不正確。原因在於有機EL並不僅是顯示器市場上的寵兒，也爲照明市場的明星，而且也將使人類進入以

城戶 NOTE

電子紙：已有若干種類正同時研發中。大致上可分為「以黑白文字為中心的新聞型」以及「能夠顯示彩色動畫的有機EL型」。因此筆者將有機EL之類型稱為「紙張顯示器」。為易於瞭解起見，這一章中將之稱為「電子紙」。

往從未經歷的「薄膜顯示器」（Sheet Display）之世界。

以往提起照明，不外是以白熱燈（電燈泡）與日光燈爲核心。在發光型態上，白熱燈爲點光源，日光燈爲線光源，但有機 EL 則爲另一新光源體，屬於整面發光的「面光源」，且亮度高、厚度薄，因此可黏貼於任何場所。在天花板上黏貼有機 EL 時，將如同光幕一般使整個房間甚至牆角全被照得亮麗無比。

由於有機 EL 能夠發出藍色、紅色、黃色等任何顏色的光，因此，使用其中的特定顏色光時，可以作爲照明裝飾（illumination）之用，也可以使發出白色光而成爲「普通的照明器具」。至於消耗電力則介於白熱燈與日光燈之間，咸信將來其消耗電力將較日光燈爲小。

另一種有機 EL 的市場爲電子紙，在人類史上可說是全新的商品。有機 EL 在「紙＋電子顯示器」的電子紙範疇中也倍受注目，現今已有若干廠家能夠製造薄膜顯示器。由於電子紙爲薄如紙片的顯示器，能夠將之捲曲便於攜帶，重量亦輕。

現使用有機 EL 的，包括顯示器、照明、電子紙等，目前多已活躍於市場上。本書擬從技術架構、構造的形成背景、市場化的問題點、企業對策的現況，及急起直追的台灣及南韓情勢、有機 EL 的國家發展計劃等，作深入淺出的介紹。

城戶 NOTE

也有人認為無機 EL 也可成為次世代的照明，但由於其是點光源，故傾向於 spot light，能否成為室內照明仍有疑問。

2 遠遠凌駕於液晶之上的有機EL

由前一節中所表列的經濟產業省之資料，不難看出「有機 EL 勢必成爲次世代平面顯示器的最佳候選者」，但文中並未說明有機EL的特徵以及其魅力所在。因此擬於本節，藉由有機EL與身邊液晶兩者所作的比較，一窺有機EL的性能。

◆形體薄、光色柔美，予人有亮晶晶之感

在提及顯示器的顯示能力時，大致上可以由以下諸項加以評估：也就是「視覺上的感受（畫質、亮度、視角等）」、「大型化的可能性如何，中小型的場合又如何？」、「價格是否低廉？」、「對於嚴苛環境的耐久性如何？」等。

比較顯示器的良窳時，主要的重點仍然在於「美」。電視機的商業廣告也多強調其畫質如何精緻。就畫質而言，有機 EL 毫無疑問地幾乎無可挑剔，其畫質、

城戶 NOTE

在平面顯示器之範疇中，有機 EL 能夠立即與液晶進行比較。因而在此列出有機 EL 與液晶兩者的詳細比較。

亮度與對比皆遠遠凌駕於液晶之上。

評估「美」的標準之一爲「亮度」，若以「亮晶晶」來加以想像便容易瞭解。例如，如何在顯示器上顯示古裝劇中閃閃發亮的劍，以何種技術才能夠顯示出那種銳利的亮光？又如，如何呈現海岸邊潾潾水波所發出的閃閃白色亮光等等。

有機 EL 或陰極射線管型電視等皆屬於自發光型（參照21頁下圖），若在閃閃發亮的部分急遽地增加驅動電流或急遽地提升電壓，便可以使該部分顯出「亮麗」的光線。依需要的亮度輸入相應的電流，便可以增加該部分的亮度。換言之，可以簡單地依照需要而獲得所需的瞬間亮度，這便是陰極射線管、PDP 或有機 EL 等自發光型顯示器的特徵，必要的場合，亮度仍可再加以提高。

反之，液晶顯示器則爲唯一的非發光型顯示器（背光型），必須藉助背光（螢光燈）以顯示畫面之影像。因此，無法如有機 EL 一般，瞬間地使部分的畫面流通較大的電流。背光的亮度爲一定，液晶元件將擔任光閘之角色而使背光的亮度減少。整體畫面遂因亮度低而朦朧不清。雖然可以提高背光的亮度予以補償，但由於亮度係整體提高，原來應該呈黑色的部分也將因而稍成白色，結果便無法讓人有亮晶晶之感。「液晶顯示器的對比低」原因也在此。使用有機 EL 的場合，需要提

城戶 NOTE

「亮度的定義」：亮度等於發光體的亮度。單位為 Cd/m2 或 nit。Cd 為燭光。利用亮度計予以測量。本書以下皆使用燭光表示。

高亮度的部分可以藉提高電流使發出強光，至於黑暗部分則可以不使其流通電流而不發光。因此畫面上漆黑之部分黑暗無光，白色部分則光亮純白。若以「正面思考」比喻有機EL時，則液晶便類似於「負面思考」，何者在顯示器上較占優勢已無需贅言。

視角的特性方面也同樣優劣立判。從正面觀看液晶顯示器時雖無任何問題，但稍從水平方向看來，則可能造成顏色反轉而無法看清畫面，甚至於全然看不見畫面。遺憾的是這種現象爲液晶在結構上所存在的問題，與其他種類之顯示器比較時便可一目瞭然。而有機EL就如同照片一般，不因觀看的角度如何，畫面皆極爲鮮豔，兩者在實用上的差別極大。

液晶與有機 EL 潛在能力的比較

	液晶	有機 EL
消費電力	○	◎
響應速度	△	○ （液晶的 1000 倍）
大型化（30 吋以上）	△	○
畫質	△	○
壽命	○	○
成本	△ （工程複雜）	○ （工程簡單）
視角	△	◎
亮度	△	○
亮度柔曲性（彎曲）	×	◎ （電子紙）
耐震・耐熱性	△ （液晶）	○ （固體）

城戶 NOTE

視角依存性：與從正面觀看相較之下，斜方向觀看顯示器時的畫質將降低，這種情況便稱為視角依存性。有機 EL 的場合，並不存在畫質視角的問題。

◆能夠使人兩度發出驚嘆聲「哦！」的有機ＥＬ電視

許多人都認為「液晶相當地薄」，其實，這只不過是液晶與陰極射線管式之電視或ＣＲＴ顯示器比較時使人感到「薄」而已。液晶顯示器使用整齊排列的液狀結晶有機物質（液晶材料），使用這種液晶材料時必須將之密封於某種容器中。實際上，液晶顯示器係將液晶材料夾於兩塊玻璃板之間，此外，如上所述，液晶顯示器還必須加上背光，因此欲減少厚度仍有其限制。

反之，有機ＥＬ的素材為固體。在玻璃板上塗布一層該種素材的薄膜，構造極為簡單，並無需將有機ＥＬ的材料夾於類似玻璃板之間，膜的厚度僅〇・一微米而已。在構造上其實只需要材料之薄膜與外部包夾的２層電極即可，玻璃等基板僅只是補強物質而已，因此並未必需要使用玻璃板，也可以使用塑膠板或不銹鋼板。現今17吋級尚在試作階段的有機ＥＬ電視，其厚度即僅為一・四毫米左右（含構造物）！

因此，在顯示器展覽會場等，經常可以看見相當有趣的現象。以往從未見識有機ＥＬ的參觀者，首先從正面看到有機ＥＬ電視時，無不因其鮮麗的色彩而發出「哦！」的一聲驚嘆。稍後，當其自橫方向看見這種電視居然是如此地薄時，又不

城戶 NOTE

在產品規範中，最近液晶顯示器的視角已增大不少，但畫質的視角依存性（實際上人眼所見）仍難與陰極射線管的畫質相提並論。

色彩美麗、超薄的有機 EL 電視

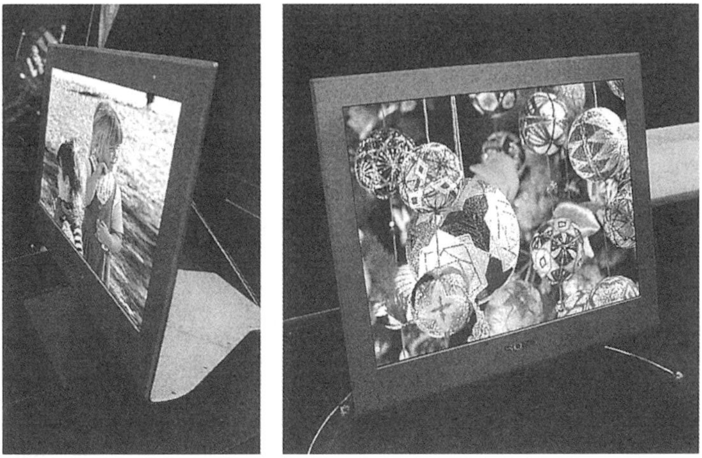

正面所見豔麗的畫面發出第一聲驚嘆、水平向所見的超薄構造再度使人又發出一聲驚嘆……

自覺地再度發出一聲「哦！」的驚嘆。因此多數參觀者在有機EL電視攤位，皆會發出兩聲驚嘆——這種場面筆者倒是屢見不鮮。有機EL的厚度確實就是如此地薄。

◆響應速度——緩慢的液晶、一千倍速度的有機EL

大型化與中型化的有機EL今已能夠實現。也許有許多人會這麼認為：「既然能夠大型化，那麼中型化也應該相當地簡單」，雖然類似電漿那種大型的電視相當了得，但電漿電視的小型化卻相當不易；而在液晶的場合，其大型化則較爲困難。因此，

城戶 NOTE

響應速度：依資料之記載，在有機 EL 的場合，單一元件的發光響應性為數 10nsec。

「大型、中型、小型全方位」亦爲重要的關鍵點。

若能夠大型化，便能夠應用於大型電視市場；若能夠中小型化，則不僅適用於電視，也可以適用於家電製品的顯示面板、行動電話或數位相機的顯示器等廣泛範圍，事實上中小型市場方面的前景更爲寬廣。

但在類似電視這種處理活動畫面的場合，與其專注於大型化、小型化，倒不如將重點放在元件的「響應速度」上。

以液晶電視或液晶顯示器（使用於個人電腦）觀賞動畫時，經常發現影像尾部有被拉長的現象，這就是在觀看棒球或橄欖球等動作速度較快的畫面時，液晶電視較不易跟得上的原因。當然，現今的液晶電視在響應速度上已大爲改善，不過，響應速度較慢爲液晶元件先天上的問題，並非一朝一夕所能解決。而有機 EL 的動作速度可達液晶的一千倍以上，因此，在電視或 DVD 的顯示上具有壓倒性的優勢。至少在原理上，液晶的響應速度根本無法與有機EL比擬。非僅是電視而已，今後藉個人電腦觀賞 DVD 影片的機會逐漸增加，因此「響應速度」是否快速也已成爲相當重要的重點。

城戸 NOTE

某些場合下，小型移動式用的液晶顯示器使用「前光源（front light）」

◆電力消耗與製造成本

對於液晶而言，其特有的「背光」爲難以解決的瓶頸。不僅造成無法使製品更薄的障礙，也由於液晶經常必須自後方加上背光，因此勢將增加電力消耗。使用有機 EL 的場合，則只需使必要的畫素發光即可，但液晶無論是發光部分或不發光部分，都必須全面持續照光。從光的利用效率觀點而言，液晶必定較爲低劣。實際上，有機 EL 雖然尚未達到類似液晶那種量產體制，不過從消費電力之點而言，兩者的水準其實已難分軒輊。

至於製造成本方面，在構造上有機 EL 與液晶類似，製造液晶的設備容易轉移至有機 EL 的生產上。因此，液晶之技術愈進步時，也能夠加惠於有機 EL 的技術上，有機 EL 硬是具備了左右逢源的特徵。不唯如此，有機 EL 與液晶看似類似，但有機 EL 的結構較液晶單純。不需使用液晶中必備的若干種類濾光板（濾光膜）或光擴散板，省去注入液晶作業之時間，無需附加背光源，元件數也只爲液晶的三分之一左右而已。

元件數較少，製造工程較液晶單純，量產化時，雖然依尺寸而異，但咸認爲成本可以較液晶降低數成。反過來說，構造複雜、製程繁瑣的液晶或電漿顯示器則大

城戶 NOTE

液晶的耐溫性：液晶在阿拉斯加或加拿大地區無法直接使用。

幅降低生產成本的機會並不大。

◆能夠承受何種苛酷的條件？

顯示器未必都使用於舒適的環境中。使用於車輛中時，溫度可能上升至80℃以上，也可能降至負的溫度。由於液晶爲液體，若在寒冷的環境下「凝固」時，便將喪失其功能，從而車載用的液晶顯示面板背面常附加一個加熱器；另一方面，由於有機ＥＬ爲固體，與液晶相較之下，其耐溫性較高，即使至負40℃仍能正常動作；至於高溫的情況，即使達到一〇〇℃仍能正常動作。

不僅是耐溫性而已，在車輛中使用時必須兼顧耐震性能，由於有機ＥＬ使用固體材料，在耐震性上較爲有利。

以上爲從若干觀點所作的比較，在各個方面上，有機ＥＬ皆凌駕於液晶之上。因此，二〇一〇年有機ＥＬ將擔任顯示器的主角，其原因即在此。

下一章節將逐項介紹有機ＥＬ的構造、發光結構以及其製造方法。

第1章

有機EL的結構

1

「有機、無機」與「低分子、高分子」

◆使用於有機EL中的材料是合成有機物

最近常見「有機農業」、「有機……」這種名詞。以往在化學的世界裡，一般都認爲「有機物爲製造動、植物體的原料，並無法由人爲的方法加以合成；而諸如礦物等非有機的東西則屬於無機物」。

原來「有機」一詞出於Organic之字，源自「Organ＝內臟」一字而來。與之相反，石塊或岩石類則屬於「無機物」，而無機物也爲日常生活中經常被使用的名詞。其結果遂使人有「有機物爲生體活動源泉（貴重）之物質；而非屬此類的物質則屬於無機物，在根源上兩者完全不同」的認知。但是後來瞭解到已能夠利用人工方式從石油製出各種有機物，因此單純的以「生物、無生物」來加以區別，遂變成無太

◯ 這些都是碳化合物（有機）的基本形狀

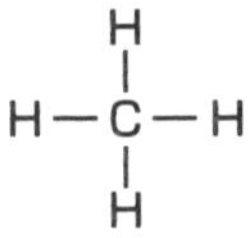

```
        H              H   H              H   H   H
        |              |   |              |   |   |
   H —— C —— H     H —— C — C —— H    H —— C — C — C —— H
        |              |   |              |   |   |
        H              H   H              H   H   H
       甲烷             乙烷                   丙烷
```

```
       H   H   H   H   H   H   H   H
       |   |   |   |   |   |   |   |
  H —— C — C — C — C — C — C — C — C —— H      辛烷
       |   |   |   |   |   |   |   |
       H   H   H   H   H   H   H   H
```

```
       H   H   H   H   H   H   H
       |   |   |   |   |   |   |
 ……—— C — C — C — C — C — C — C ——……         聚乙烯
       |   |   |   |   |   |   |
       H   H   H   H   H   H   H
```

大意義。雖然如此，不可否認這種區分也有其方便之處，因此現在一般都將「含有碳的化合物（以碳爲骨幹）」稱爲有機化合物。

若以身旁之物加以說明時，所謂碳化合物，如圖所示，包括了由 1 個碳與 4 個氫所構成的甲烷；2 個碳與 6 個氫構成的乙烷等氣體；若由 8 個碳與 18 個氫結合，便成爲液體的辛烷，碳元素愈多（達數萬）時，便可以構成類似塑膠的一種東西（如聚乙烯等）。

如上所述，石油化學製品皆爲碳化合物而被歸屬爲一種有機物。本來，石油爲木材在地底經長時間的變化所形成，因此，將石油製品列爲一種機物其實並不

城戶 NOTE

最近在塑膠之中，已出現合成菌體這種生物等之技術。

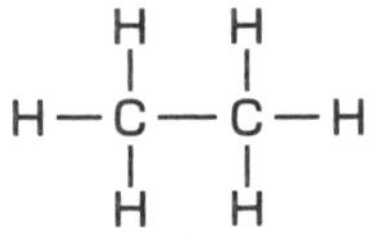

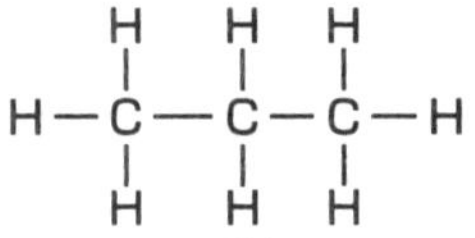

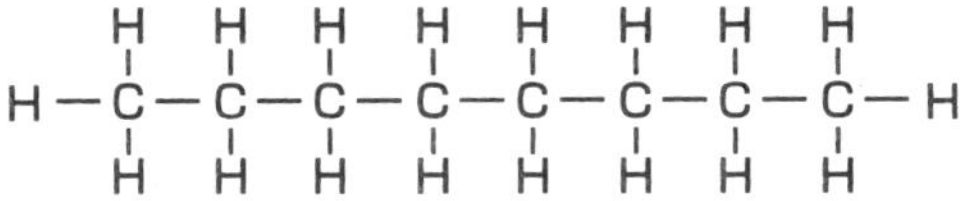

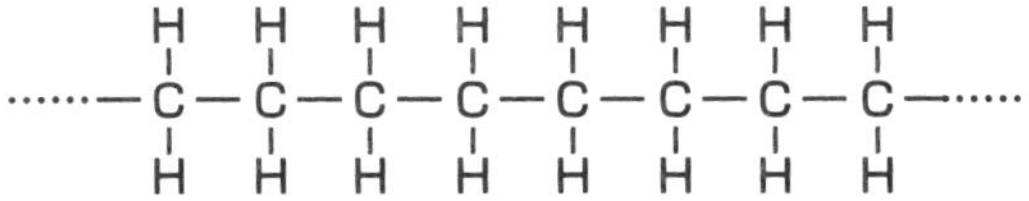

令人訝異。至於聚乙烯之外的聚苯乙烯或聚酯等塑膠類則係由人工所合成的碳化合物，也是一種「有機物」。

當然，自然界中存在著許多的有機物。澱粉、DNA、纖維素等皆為其中之例。實際上，這些天然有機物並無法作為有機EL的材料。有機EL中使用的材料（有機化合物）可以說都是由人工所合成。一些科技人員突然興起「這種有機物質的特性看來不錯，不妨以人工方法製作看看！」的念頭，就在這種情況下進行設計並加以合成，終於發展出有機EL的新領域（合成的情況參照第5章）。

由於最近已開始進行將DNA應用於半導體元件上的研究，或許不久的將來能夠誕生出以蛋白質或纖維素成分所製造的天然電子元件，不過現今之階段仍以人工合成的方式為主流。

◆低分子與高分子——存在著兩種世界

在這裡，希望讀者能夠先對於有機EL有相當程度的瞭解。事實上，有機物之中包括了

●低分子系之材料

城戶 NOTE

Polymer：在分別「低分子、高分子」之際，應該使用「高分子」一詞，但許多專家仍使用polymer。基本上，本書使用「低分子、高分子」之名稱，高分子的場合則多在其後追加（polymer）一字，只是使用名詞上的習慣而已。

從低分子製造高分子

乙烯 C_2H_4的形狀

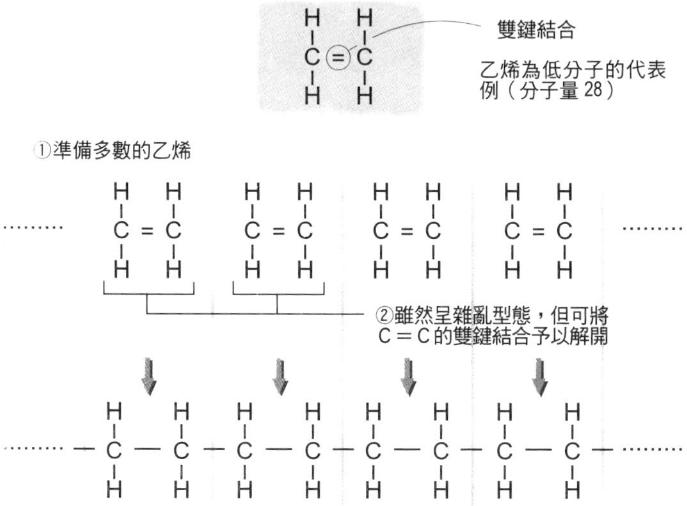
雙鍵結合
乙烯為低分子的代表例（分子量 28）
①準備多數的乙烯
②雖然呈雜亂型態，但可將 C＝C 的雙鍵結合予以解開

形成相當長的鎖鏈狀巨大分子（高分子＝ Polymer）

●高分子系（Polymer系）之材料

兩種。若不掌握其中之要點，便無法對有機 EL 有清楚的認知。因此，以下擬先就「低分子系與高分子系」加以介紹。

低分子與高分子的不同點在於「分子量不同」。所謂分子量，若以水（H_2O）爲例，其原子量爲 H ＝ 1、O ＝ 16，因此分子量爲 18（H_2O ＝ 18）。上圖所示的乙烯（C_2H_4）中，C ＝ 12，H ＝ 1，因此全部的分子量爲 28（C_2H_4 ＝

城戶 NOTE

「1000～1 萬」之間的分子量：在該範圍內的有機材料中，存在著寡聚物或寡聚體（oligomer）、枝狀聚物（dendrimer）等有趣的材料，本文中也將稍微提及該些材料。

28）。

至於「低分子、高分子」，大致上在分子量上的區分如下：

●低分子……分子量1000以下

●高分子……分子量一萬以上

那麼，「是否存在著分子量在1000～1萬之間這種中間值的有機物質？」

事實上，這種有機物質確實存在，本書將在後面再作說明，同時也希望讀者瞭解「高分子係以低分子爲基礎所構成」。如前頁圖所示，其原理其實頗爲簡單，係將多數（poly）的低分子（monomer）予以凝聚而成。因此，一般多將高分子稱爲「聚合物（polymer）」。讀者即使不瞭解monomer一詞之意其實亦無妨，但應瞭解polymer之意，本書中在出現高分子一詞時，會盡可能在其下方追加（polymer）一字。

◆低分子材料？高分子的材料？——最初的分歧點

後面將會再作說明，究竟在製作有機EL時，宜使用低分子系材料或使用高分子系材料？事實上，在製造工程上，採用低分子系或高分子系材料有相當大的差異，製作加工方法（壽命、亮度）也大不相同。

城戶 NOTE

城戶之解答：究竟是採用低分子系或高分子系，雖然心境類似哈姆雷特，城戶則提出其中之答案，詳見本書中的論述。

就二〇〇三年的情況而言，顯然使用低分子系之實例較多，但在製造方法上，高分子系具有較大的優點。在有機EL的世界裡，到處可以看見「低分子系VS高分子系（polymer系）」的圖解，也請讀者稍加留意。

對於企業而言，選擇低分子系或高分子系（polymer系）材料爲相當重要的分歧點。在材料製造廠家的場合，究竟應該開發低分子系或高分子系（polymer系）材料（或雙方皆應開發）？而裝置製造廠家是否應該準備不同的裝置？面板顯示器製造廠（最終產品）究竟應選用何種產品推出市場（使用壽命與其他特性皆不同）？等等——是否已在「低分子系材料或高分子系材料（polymer系）」兩者之間作出正確的選擇，將成爲有機EL市場上的成敗關鍵，相關廠家宜應及早從中踏出正確的腳步。

2 一九八七年突破關卡

◆在黑暗中摸索的一九六〇年代

現今坊間已有太陽能電池這種產品，爲一種接受太陽等光能量之後，將光能轉變爲電能的元件，早已使用於桌上型計算機上。通常的太陽能電池皆利用矽等無機材料所製成。

與太陽能電池的作用相反，若使用有機物材料，而能夠將電能轉變爲光能時，便成爲「有機ＥＬ」。

構想的產生倒是相當地容易，雖然自一九六〇年代初期以來，「將電壓加於有機物上使其發出光」的研究一直未曾鬆懈，但由於有機物本身（如塑膠等）並非良導體，不若無機物的金屬或半導體容易導電，因此，當時即使加上數百伏特的高電

城戶 NOTE

白川英樹、Alan J. Heeger、Alan G. MacDiarmid成功地使聚乙炔具有金屬般的導電性而開啟導電性高分子領域，並由此獲得諾貝爾化學獎。

壓，也只能夠在暗處可見微弱光線的程度。一九七七年，日本白川英樹博士等化學專家利用化學摻雜（doping）方法，在有機物之中成功地使π共軛高分子的導電率大為提高。但就「使有機物發光」之點而言，仍然處於暗中摸索程度，而改變這種現狀的人物則是美國柯達公司的唐氏。

◆唐氏的大膽嘗試

對於有機EL而言，一九八七年為特別值得稱道的一年，當時巧遇超電導旋風席捲整個世界，對於有機EL而言，當年也是豎立起紀念碑之年。

首先，在進入80年代之後，伊士曼・柯達公司的團隊隨即成功地使有機物質發出亮度相當高的光。當時正遭逢石油危機，美國政府大力推廣太陽能電池的研究與開發而投注大量的財力。柯達公司也接受了這種挑戰，投入大量人力進行太陽能電池的研發工作。

柯達團隊利用有機物質作為太陽能電池的材料，也就是所謂有機太陽能電池。在這種研究中，**唐氏**（C. W. Tang）等人利用有機薄膜的積層方式達成高效率化。當太陽能電池計畫終了之後，利用研究有機太陽能電池所獲得的知識作為基礎，朝向

城戶 NOTE

Tang：香港出生之美國人，取得康乃爾大學博士學位。

柯達公司的唐氏所發表的2層式元件構造

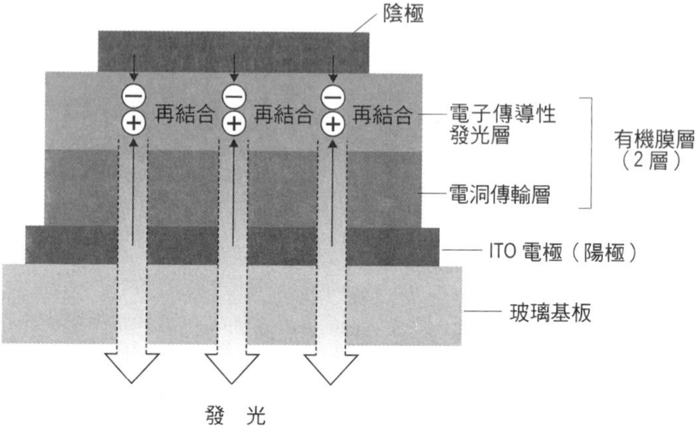

「高效率地在有機物質中流通電流，嘗試使有機物質發光」的方向思考。唐氏利用製造太陽能電池時所獲得的眞空成膜技術，應用電荷輸送性有機材料、電極材料、元件構造（多層構造）等相關技術，成功的使有機材料發出相當高亮度的光。與以前的方式不同，如上圖所示的觀念，唐氏採行2層的發光層（有機材料）構造帶來了成功的契機。只是礙於當時製品的壽命較短，因此，柯達公司內幾乎無人持續該項研發工作，而計畫也到達存續與否的階段，公司方面有必要加以取捨。確實，雖然所研發的元件能夠發光，但假若壽命僅只數分鐘便隨即暗淡時，這種發光體「甚至不堪使用於聖誕燈上！」

雖然如此，但在當時已算是相當高效率、亮度相當高的產品，而且是「由超薄的有機膜所發出的光」，這對於研究者而言，仍屬一種相當具衝擊性的研究。不過對於第三者而言則又另當別論。能夠發光的元件種類極多，以日光燈、白熱燈爲首，已相當普遍的發光二極體等，可謂相當的多種多樣。與這些發光器具相較之下，僅能點亮數分鐘壽命的發光體無疑的是一無是處。就如此，該研究專題便從此無疾而終。

◆即使申請專利也不提出論文！

解決唐氏困境的人並非別人，而是唐氏本身所作的論文。當時，柯達公司採行一項作法，也就是希望研究人員「即使提出專利申請，但論文則須加以保留而不提供」，不過唐氏則提出「若研發計畫終止時，便可以提出論文」的要求。溝通後的結果是，「Applied Physics Readers」於一九八七年刊載了唐氏的論文。

這時便發生了回響，隔著太平洋彼岸的日本，許多大學人士、企業的技術者看到該篇論文後，居然使有機 EL 變成炙手可熱的一股旋風。從此，許多日本企業開始絡繹不絕地前往柯達公司取經，「說不定是意外的轉變」而促使柯達公司高層

城戶 NOTE

提出專利但勿寫論文：在提出專利申請時，自然瞭解其中的內容；撰寫論文時則通常會提出更詳細的資料。因此，日本的企業也許多「提出專利申請，但不寫論文」的作法，尤其是與材料有關的製造廠，化學製廠居多。

改變原來的看法，計畫也因此持續發展。就美國的大企業而言，東海岸的大公司都較爲保守，與日本的大企業同樣，比較傾向於不信任自己的人。

另外，在提出論文之後，馬上對有機EL的動態付出關心並邁出步伐的公司，在日本的電器系統中，有先鋒、NEC、TDK、史坦利、三洋電機、東芝等6家公司；化學公司方面則有三菱化學、出光興產等。而現在活躍於有機 EL 世界中的企業，大部分都是當時立即關注該問題並實際採取行動的企業。

3 柯達、CDT 的構想

◆「選擇適當材料」實現超薄膜

唐氏（Tang）所提出的「兩層發光層（有機物）」構想，係在有機膜層上方再被覆另一層電極（陰極）。在此之前，作爲發光體的有機物質薄膜厚度仍相當厚。當時的薄膜厚度之所以較厚，原因不外是當時尚無良質的材料，製成薄膜時，膜質並不穩定，容易造成針孔的緣故。一旦附於電極（金屬）上的針孔數量較多時，則金屬便容易進入孔中而造成短路現象，爲避免這種現象，便必須將膜的厚度提高至某一程度。

在較低的驅動電壓下，當膜的厚度增加時，便無法流通電流。實際上，在當時之前，由於膜的厚度造成干擾，即使加上數十或數百伏特的高電壓，也無法發出較

城戶 NOTE

針孔：指微小的孔穴或縫隙。

明亮的光線。尤其是一九六〇年代的草創期間，在當時的情況下，雖說使用「厚膜」，倒不如說使用的是「單結晶」，由於當時在電極上附加銀膏，從而使膜的厚度增加，雖然加上較高的電壓，也幾乎無法發光。因此，有機 EL 當時並不被看好，皆不認爲「有機 EL 能夠作顯示方面的用途」。

但到了一九八七年，柯達公司的唐氏發現了優良的新有機材料，即使薄膜的厚度相當地薄，也不會產生針孔。由於能夠製成極薄的有機膜，因此大幅減低必要的電壓。

薄膜係利用「**真空蒸鍍**」方法製作。這種技術本來便已相當完備，是一種將有機物質置於眞空中加熱並使其蒸發的系統。當時之所以能夠成功地製造出薄膜，蒸鍍技術的提升雖然不無關係，但唐氏所發現的優良材料更應被肯定，咸信與唐氏本身爲化學專家，以及柯達公司裡備有多種有機材料有關。

因爲主導有機 EL 之關鍵仍在於材料！

◆多層構造（2層構造）的概念

如前所述，唐氏之所以能夠成功，原因在於採行 2 層構造（2 種不同物質）

城戶 NOTE

雖然有機 EL 為一種電子元件，但其關鍵技術則由化學家所開發。

而非使用單1層發光層的正確方向。採行2層構造時，即使第1層中存在著針孔，也可以藉著第2層的塗布層將該缺陷予以掩蓋。

在這種2層構造中，一方的陽極使用電洞注入性良好的材料，而另一層的陰極則採用電子之注入性優良的材料。如此一來，由於容易注入電子與電洞，因此電子與電洞容易再結合而發光，亮度也較高。

唐氏這種「超薄膜」與「多層構造」的概念其實就是現今有機EL的開發基礎，之後則被稱爲柯達專利。

另外，在此使用的有機材料爲「低分子系」有機材料。

◆著眼於高分子系的劍橋大學研究團隊

如前所述，有機材料可以分類爲「低分子系與高分子系（polymer系）兩種」。柯達公司使用其中的低分子系材料，藉「多層構造與薄膜」技術實現發光現象。那麼在另一方面，高分子系（polymer系）材料的動向又如何？

雖然劍橋大學的研發團隊使用了高分子系材料，並實現有機EL的發光，但最初發現到高分子在電場中能夠發光的人並非該團隊。高分子之中，最初使用π共軛高分子製作出有機 EL 的人，其實爲劍橋大學弗連多教授所屬的團隊，之後則創立了 CDT 公司。

劍橋大學採用的方式與柯達公司「利用眞空蒸鍍方式製造薄膜」的方法不同，係將高分子系（polymer 系）材料利用旋轉塗布（spin coating）的另一種方法製成薄膜。

簡言之，旋轉塗布係將有機材料滴落於基板的正中央，旋轉基板時，藉離心力將液狀的有機材料形成薄膜。這種方法的特點爲無需眞空環境，在室溫之下亦可進行塗布作業。在此附帶一提，低分子系的材料呈粉狀（固體）；但高分子的場合，由於無法使用粉狀材料，因此必須先以溶劑將之溶解爲「溶液」狀態後再予以使用。

城戶 NOTE

柯達專利：柯達專利限定於「超薄膜」若採用 1 微米或μm 以上的「厚膜」時便不與專利抵觸。
CDT（Cambridge Display Technology）：英國公司。CDT 之專利為 π 共軛 polymer。

4 多層結構的構造

以下介紹有機EL的構造。構造本身雖有若干種圖樣（pattern），但若能夠瞭解次頁的形式時，其他的各種模型也能夠藉此獲得瞭解。

◆多層構造的優點

基本的構造係將有機物的螢光體夾於2層電極之間。若能夠使被夾於電極中的螢光體發光時，便稱爲有機EL。首先，從名爲ITO的陽極朝向有機層注入電洞；而自陰極注入電子，兩者在發光層中再結合，也就是帶有負電荷的電子與帶有正電荷的電洞形成反應。由於這種再結合反應，使有機分子受到激勵而呈激勵狀態（excited state）。換句話說，由於再結合能量使分子從「穩定的基底狀態（ground state）」提高能量至「能量高但不穩定的激勵狀態」，就在重返原來的狀態而釋出

城戶 NOTE

ITO：（Indium Tin Oxide）銦與錫的氧化物，由於多使用於陽極側，故一般多稱為「ITO 陽極」。由於必須通過光線，ITO 陽極為透明體。

典型之有機 EL 的構造

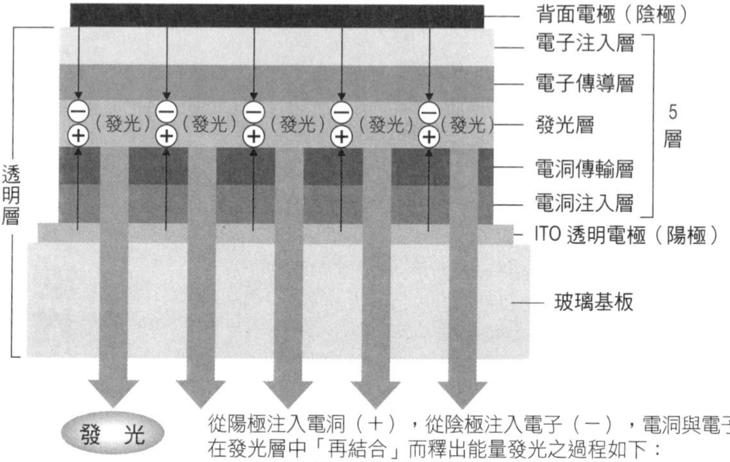

從陽極注入電洞（＋），從陰極注入電子（－），電洞與電子在發光層中「再結合」而釋出能量發光之過程如下：
➡發光層的有機材料接受能量而被激勵（不穩定）
➡返回基底狀態時釋出能量
➡發光

能量時發出「光」。

以上爲有機EL的動作大要。在這裡僅涉及諸如基底狀態、激勵狀態等的專有名詞，至於相關的「發光機制」則將在以下作詳細的說明；另外，各層分別具有何種功用也將一併加以介紹。

若依上面的說明，似乎將「發光體」夾於2層電極之間的簡單構造便能夠實現有機EL，但事實上並非如此，其原因在於發光層由有機物質形成，而電極則爲無機物，兩者的材質完全不同的緣故。

城戸 NOTE

將於後面再作說明，電極與有機物之間並非只是有機與無機之相性而已，材料所具之電子準位亦極重要。

◆設法取得良好的介面性質

原來，有機 EL 的結構只不過是「發光部分（發光層）」使用有機物質，在「有機材料流通電流時發出光線（Electro luminescence）」而已，至於發光層以外的電極則使用鋁等無機材料。當然，有機物層（發光層）與鋁之間，並無法有良好的介面接合性，就如同水與油、肌肉與岩石間的接合面一般。

由於在這種情形下的結合性相當低劣，因此必須在兩者之間加上一「緩衝層」加以解決，而這也就是多層化的優點。

具體來說，陽極（正側之電極）使用ITO（Indium Tin Oxide）之透明電極，爲銦與錫的氧化物，這種材料也廣泛地被應用於液晶等場合，與電洞傳輸層之間，則介入

●電洞注入層

作爲緩衝之用。同樣，由於陰極側（不透明）使用鋁等金屬，仍然必須在電子傳導層與發光層之間加入

●電子注入層

如此便形成了有機 EL 的基本結構。各種膜層的作用在於使互相之層有更好

城戶 NOTE

由於從電極注入電子或電洞的效率大幅影響元件的發光效率，因此各注入層皆極為重要。

的接合性，例如使用電子傳導性較佳的材料，便能夠使電子以更快的速度移動；而使用電子注入性佳的材料時，則能夠使電子的注入效率更爲提高。

不過，由於現今已開發出「兼具傳導性的發光材料（發光層）」，因此，本例中雖是 5 層構造，但實際上一般多爲 4 層結構。

次頁所示之圖形爲單層構造乃至 2 層型、3 層型、4 層型、5 層型等構造的示意圖。

回顧有機 EL 的歷史，可以說是從 1 層型（單層型）至多層型的演進史。雖然低分子系材料能夠實現多層型，但高分子系（polymer 系）的場合則屬單層型，由於製法的不同，其構造亦異。

究竟宜採用若干層的構造，並無法一概而論。雖然單層型（高分子系之材料）的製作較爲簡單，但多層型（低分子系之材料）的場合，各層可以選擇適當的材料且易於進行微細的加工與改良。假若能夠研發出一種劃時代的材料，以及發展出一套相當有效率的製造方法時，便能夠使有機 EL 帶來極大的突破。

由於低分子系與高分子系（polymer 系）兩種不同支流雙方的相互競爭，其結果便使有機 EL 的整體技術帶來提升的動力。

有機膜部分可分爲若干種類

①單層型

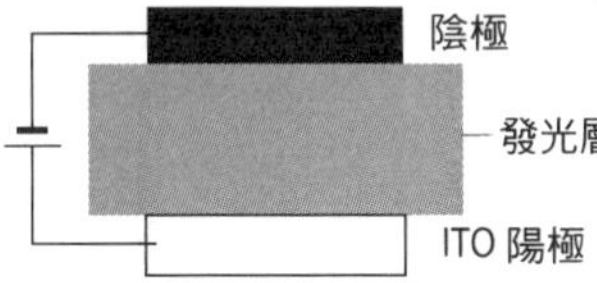

◎初期之型式為單層型
◎現在高分子系中也多採用此型
◎由於僅需 1 層，若能夠製造出高效率的材料時，雖然其效率高，但改良較為不易

② 2 層型

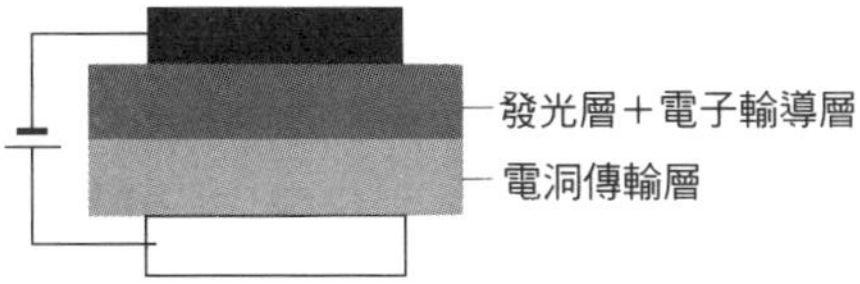

◎依用途別而製作與 ITO 陽極間之相互結合性，或電洞傳輸性優良之膜
◎發光層兼做電子傳導層之用

③ 3 層型

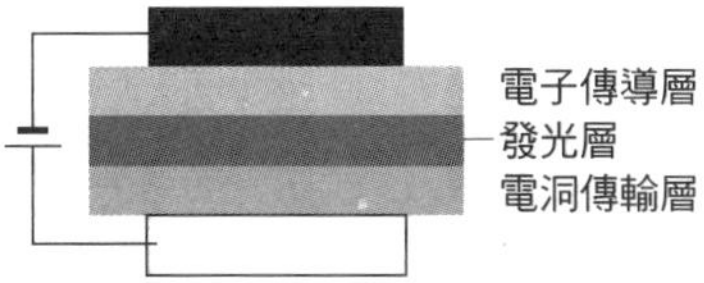

◎發光層獨立
◎各別層使用電子傳導性或電洞傳輸性優良之膜

④ 4 層型

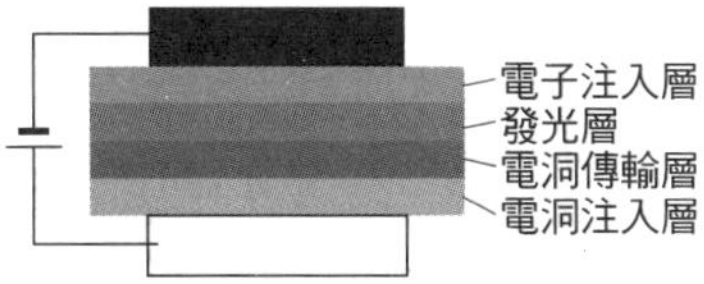

◎考量與 ITO 之相互結合性而加上電洞注入層之形式
◎現今之實際情況為，此型廣被使用於低分子系中

⑤ 5 層型

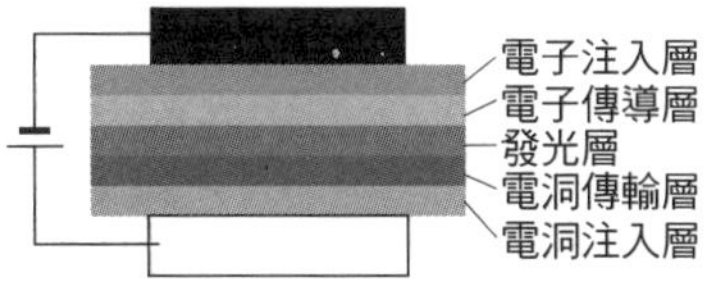

◎使用以鹼性金屬之摻雜方式形成的有機膜時，可有效地達成低電壓化

5 探索發光的結構

本來，螢火蟲或有機EL的發光，皆與所謂的「激勵」現象有關。雖然前一節中稍有觸及，但在說明激勵現象之前，在此擬對有機EL薄層中究竟進行著何種現象再度加以說明，其中存在著若干有助於瞭解有機EL的重要事項。

◆在「發光層」中進行再結合

有機EL中，最單純的構造爲將發光層（有機材料）夾於2層電極所構成的三明治形狀。當然也需要用來作支撐用的基板（玻璃），但該基板與發光的機制並無任何關係。

在陽極與陰極的2個電極上加上直流電壓時，便能使電洞（陽極側，又稱爲正孔）與電子（陰極側）自電極注入有機膜中。就化學上的說法，有機物在陽極介

城戶 NOTE

電洞：電洞（正孔）意為「正極性的孔穴」。原來，電流是電子的流動，但逸出電子後的孔穴也可以想像為帶正電荷的「孔穴」。

面中被氧化（奪取電子）；而在陰極介面上則進行著還原（供給電子）的作用。半導體專家與化學專家對相同的現象使用了不同的說明方式。被注入的電子或電洞等電荷，便一面在分子間跳躍（hopping），一面朝向對方的電極移動。

就如此，被送出的電子與電洞最後將到達目的地＝「發光層」。到達的電子與電洞相互尋找結合的對象進行結合，通常稱之爲「再結合」。由於是從原來呈中性的分子中擄走電子、注入電洞；供給電子並注入電子，然後，這些電荷在發光層中又再度結合而呈中性的分子，因此名之爲「再結合」。

就由於這種再結合作用，有機分子的電子狀態先從穩定的狀態（稱爲基底狀態）獲得能量而活性化，成爲能量較高的狀態（稱爲激勵狀態）。由於激勵狀態並不穩定，很快地又返回原來的基底狀態。這時便將釋放出能量而發光——這便是所謂的有機EL光。

若利用電流強制引起這種發光現象時，便稱爲「有機 EL（Electro lumin-

電子與電洞一面跳躍一面進行再結合

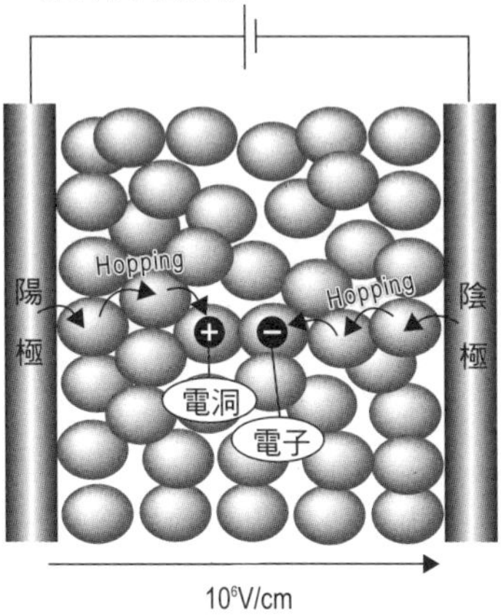

「有機之光」的秘密

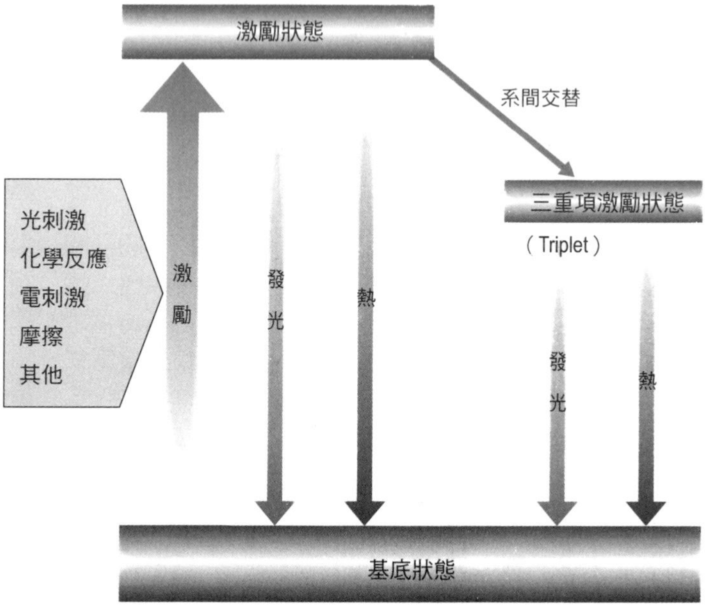

escence）」。螢火蟲係利用生體物質（有機材料）發光（Luminescence），本質上相同，只不過是利用生體反應（化學反應）而發光（Biolu-minescence）與由電的作用而發光的不同而已，而就雙方皆由於化學反應使有機分子發光這一點而言，兩者並無不同。

◆從第3階下降的「螢光」與從第2階下降的「磷光」

前面已簡單說明了發光的機制，其實，有機EL中還

螢光與磷光的不同

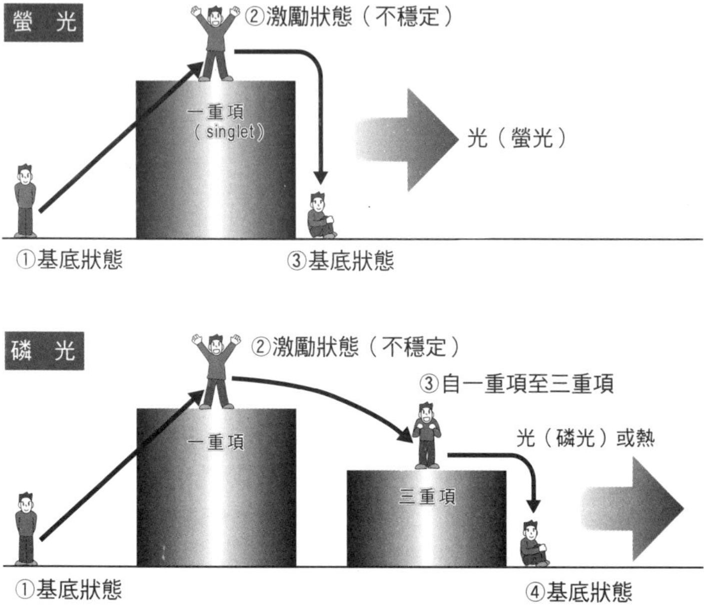

可以分為「螢光（fluorescence）」與「磷光（phosphorescence）」兩種。若瞭解其間的不同，則已具有相當的化學基礎，這裡雖然使用稍微艱澀的專有名詞，其實其中的原理並不困難。

前已述及，發光係「自高能量狀態（激勵狀態）跳躍至下方之狀態，釋出能量時所呈現的現象」。

上述「自高能量狀態下降」的方式可以分為2種，也就是從第3階下降以及從第2階下降的2種情況。

利用照射光線使有機分子自基底狀態朝向較高的能階激勵時，首先將到達第3階。然後分為單純的自第3階直接下降，以及先下降一階，移至第2階，然後自第2階下降的2種不同方式。高階（3階）的場合稱為「一重項激勵狀態」，這時所發出的光為「螢光」；而稍低之階（2階）則稱為「三重項激勵狀態」，這時所發的光為「磷光」。這裡的一些相關名詞稍嫌難懂，但讀者只需瞭解有3階與2階的兩種類型即可。假如能量並不自第3階或第2階下降，而是依次隨著階段下降至第1階時，則激勵的能量將轉換成為熱量而無法發光。一般所指的螢光物質便是自較高的能階急遽下降的比例遠較隨著能階依次下降之比例為大的物質。

螢光為人眼可見的光。如日光燈或螢光筆等，已成日常熟知之物。但一般而言，能夠發出磷光的有機材料較少，在極低溫之下雖然可以觀測到磷光，但在室溫之下則磷光鮮少被觀察。從而，自第2階下降的能量，一般皆以熱的型式釋出而未見釋出光。

好不容易加上電流將能階激勵至第2階，卻又「無法用來發光！」這便是問題的癥結所在。在說明螢光與磷光的比率如何，確率又是如何等問題之前，希望讀者能夠認知螢光與磷光這2種光的產生原因。若能了解其中的原因時，便能夠掌

城戶 NOTE

螢光筆等，當接受太陽光等之光線之照射時，便將呈激勵狀態，從激勵狀態下降時便可以發出光線。這種場合即為「光→光」；螢火蟲為「化學→光」，有機 EL 則為「電流→光」。

由電子之旋轉方向而定

❶

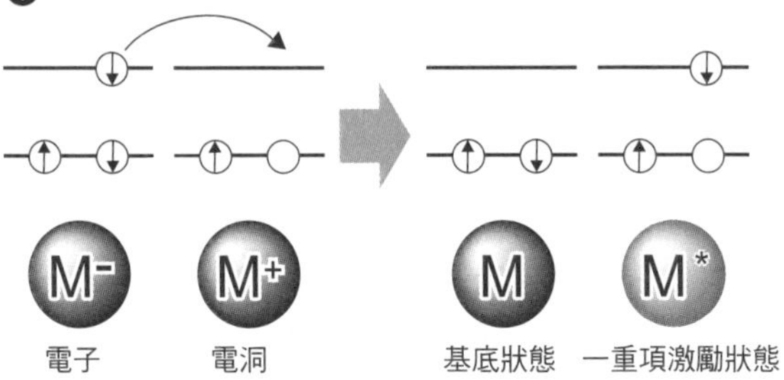

藉再結合而激勵，電子旋轉的方向在逆方向之狀態下。釋放能量返回原來位置（基底狀態）時發光。該光即為螢光。

❷

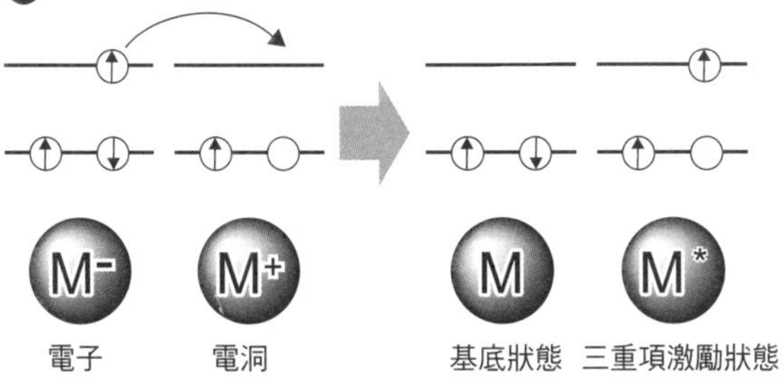

藉由再結合而激勵，電子的旋轉方向改變成相同方向。這時在常温之下，即使釋出能量，也將轉變為熱而不發光。此即為磷光。

握其對策並思考的可能性。

◆旋轉（Spin）的方向極爲重要

那麼，前述的2種光（螢光與磷光）究竟是如何產生的呢？

若欲瞭解其中之緣由，便有必要一窺分子的世界。分子中存在著各種不同的軌道，每一軌道上存在著成對的電子。各個電子分別呈「旋轉」狀態，而且存在著「朝上」與「朝下」兩種相反方向，這種狀態與螢光以及磷光有直接的關係。

以下不妨實際觀察電子與電洞的再結合情況。如前頁之圖所示，電子與電洞的再結合，指得是獲得電子之狀態的分子（還原的分子）與逸出電子之狀態的分子（氧化的分子）兩者之間所進行的授受反應。這時，如①所示，在反應之後的激勵狀態下，若電子的旋轉方向「相反」時，便屬於「一重項激勵狀態」。由於性質不穩定而降至原來的軌道，這時發出的光即爲「螢光」，典型的情況下，激勵狀態存在的時間約爲10毫微秒左右。

但如圖②所示，電子呈激勵狀態下的旋轉方向相同時，便稱爲「三重項激勵狀態」。就能量上而言較一重項激勵狀態爲低。雖然電子有意脫離該不穩定狀態而返回原來的狀態，但在原來的軌道上，已有旋轉方向相同的電子存在。那麼這時將會發生何種現象？

如前所述「電子對係呈逆方向（不能夠爲相同方向）存在」，在這種狀態之下，便無法返回下方的原來軌道，這就是有名的「鮑利的排他原理」。

由於無法返回原來的軌道，電子便在無其他良策之下，只得停留在該狀態。停留的時間甚至可達數毫秒以上。如此一來，在激勵狀態期間，分子便將呈旋轉或伸

城戶 NOTE

鮑利的排他原理：也稱為鮑利的排他率。必須瞭解在「量子力學」的世界裡，只在極低溫的環境下能夠觀察磷光，但在一般的室溫下便無法加以觀察

螢光與磷光的比例為1：3

螢光（一重項）：磷光（三重項）
＝ 1 ： 3

縮，將能量轉變為其他方式（熱），因此絕少能夠看見磷光。

◆「內部量子效率」界限為25％？

以上已就有機分子可以發出螢光與磷光此2種光的背景加以介紹。那麼，在有機EL中，由電荷的再結合而引起激勵狀態的比率究竟如何？依據理論（統計的），其比例應為「螢光（一重項）：磷光（三重項）＝1：3」。使用螢光物質時，人類能夠將之用於發光的比率僅占全體的25％！好不容易使電子與電洞產生再結合以激勵能量，但由一個電子與電洞對，只能夠釋出〇・二五的光子，其效率顯然地偏低。若僅由這種方式發光時，由電子轉變為光子的變換效率僅只25％而已！事實上，即使在我們的學會裡，也都認為25％是「有機EL無法突破的障壁」為一種常識，有關其中的詳細情況，將於次一節中再做說明。

此外，這時的發光效率稱為「內部量子效率」，就該階段而言可以說：「內部量子效率的限界爲25%」。換句話說，從一百個電子中僅能獲得25個光子而已。

◆獲得百分之百發光效率的劃時代方法

轉變爲光的效率爲25%，便表示75%的能量無法用來發光，這無疑是相當大的損失。但是，若能夠設法使激勵至三重項狀態的能量全部轉變爲光，而不變爲熱時，便表示所有的電子將轉變爲光。如此，有機物質便不再是僅能夠發出螢光（螢光物質）而已，假若發現到能夠發出磷光的有機物質（磷光物質），並加以利用時，也能夠獲得百分之百的效率。由於以往一直集中於螢光物質的開發，因而存在著這種「25%」的限界，最近則已開始研發在室溫下也能夠發出強磷光的有機化合物。

不過，在自然界中並不存在這種理想的「有機磷光物質」，全部皆仰賴人工製造。本章之始曾經指出「有機EL係使用人工製造的有機物質」，而這便與突破「量子效率25%的障壁」之成果關聯。「希望能夠製造出在室溫下發出磷光且亮度高的物質！」每思及此，便有一股製造這種材料的雄心。

現在已知，若使用某種「金屬錯化合物」時，便能夠獲得性能優良的磷光。金

城戶 NOTE

假如以往曾由某一位人士研發出一種材料，我們這種有機EL範疇的人員在實際應用這種材料作為「元件材料」時，經常會在一開始便獲得相當高的效率。

金屬錯化合物與磷光物質

◎金屬錯化合物的構造

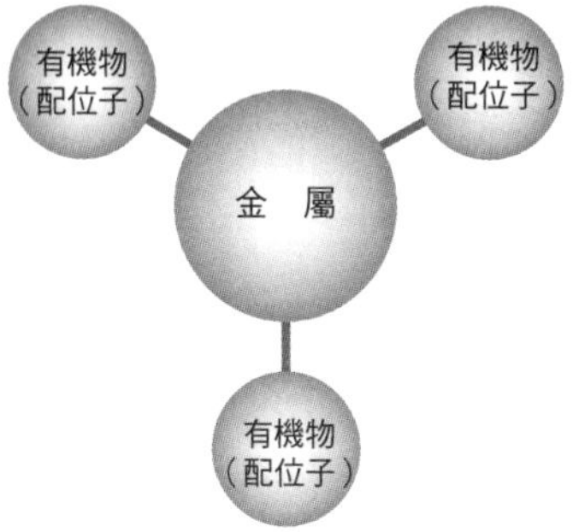

金屬錯化合物為金屬與有機物之混合物質

◎銥錯化合物（Ir（ppy）$_3$）

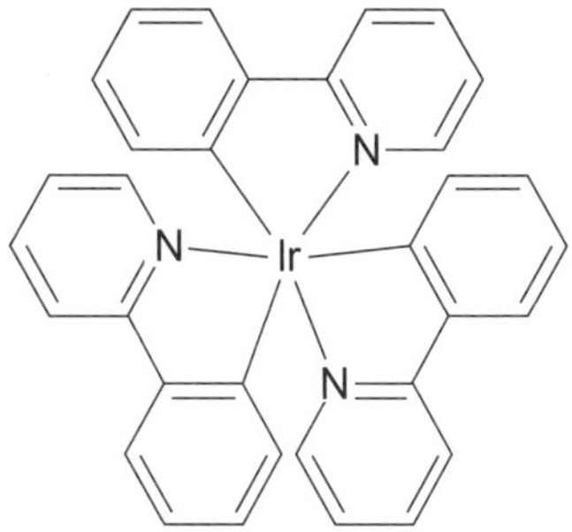

屬錯化合物爲相當生疏的名詞，係中心爲金屬離子，周邊結合有機物（稱爲配位子）的一種材料。中心的金屬離子若使用銥或鉑的重金屬離子時，便可以獲得滿意的結果。而且也已研究了欲獲得深藍、綠色或紅色光時應採用何種配位子的結構。當然，並非「金屬錯化合物的材料皆爲磷光」，中心金屬以及配位子構造的組合不同時便全然不同。

事實上，依照柯達公司唐氏發表於一九八七年的報告，當時使用的也是一種金屬錯化合物。當時使用鋁作爲中心金屬，但遺憾的是鋁錯化合物爲螢光物質而非磷光物質。也就是中心金屬採用何種金屬，周邊的配位子構造如何等，可以決定發出的光爲螢光或磷光。

城戶 NOTE

磷光：普林斯頓大學的佛雷斯特教授與南加州大學的湯普遜教授最先使用金屬錯化合體系的磷光材料，而日本九州大學則搶先一步觀察磷光 EL，山形大學也在 90 年以稀土類實現多重激勵狀態發出的光。

現階段而言，與螢光物質相較之下，能夠釋出磷光的物質（金屬錯化合物）仍屬少數，但已能夠由人工製造出這種物質，而這正是有機化學令人瞠目之處。

◆也有使用稀土類元素的方法

藉金屬錯化合物的磷光物質已能夠有效地獲得磷光——已證實可以利用這種方式將內部量子效率提高至百分之百，隨著加緊材料的搜尋，咸信能夠繼續發現具有新特徵的磷光材料。

不過，在磷光材料以外，也有其他使內部量子效率提高的有效方法。那就是使用稀土類金屬錯化合物之材料。稀土類金屬錯化合物並非螢光材料，有人認為「既然不屬螢光材料，那麼便應稱之為磷光材料」，但事實上並非如此。

前已述及，所謂螢光，指得是「源自一重項激勵狀態所發出的光」；磷光為「三重項激勵狀態所發的光」。那麼，稀土類金屬錯化合物的激勵狀態究竟是屬於一重項或三重項？正確的答案為兩者皆非，而是屬於五重項等多重項所發出的一種特殊光。因此，並無一重項或三重項所謂的「螢光」或「磷光」等名稱，一般僅通稱之為「發光」。

城戶 NOTE

五重項、多重項：在一般的有機化學書籍中，雖然介紹了一重項與三重項的不同，但對於其它則較少提及。若由此處切入，應將出現擊潰牆壁的新技術。

前已指出，「使用磷光物質時，能夠使內部效率達百分之百」，其實，在出現銥錯化合物之前，筆者也曾提出「若使用稀土類時可能獲得百分之百效率」的看法。

筆者等人已於90年間使用銪的稀土類金屬錯化合物應用於有機 EL 上。當時存在著多種看法，一般認爲「使用螢光物質時，25％的效率爲其上限」，但這顯然是「錯誤的見解，稀土類的場合，在激勵之際，即使配位子被激勵於三重項，但由於能量進入中心金屬，因此能夠使所有的能量用來做發光之用。內部量子效率達到百分之百並不令人訝異。若適當選擇材料，是有可能使有機 EL 的內部量子效率達到百分之百」。但遺憾的是尚未證明利用稀土類金屬錯化合物獲得內部量子效率達百分之百的實例，實際上，由於已證明銥系的百分之百，因此現今已不再有人抱持「25％爲無法突破的障壁」這種看法。

◆提高外部量子效率亦爲重要的關鍵

既然存在著內部量子效率，那麼也應該有外部量子效率。內部量子效率指得是：「元件內部，將電子轉變爲光的效率」；而外部量子效率則是「以何種比率將內部所發出之光釋放至外部的效率」。

城戶 NOTE

其解決對策為「清理出各別的原因再一一予以擊破」的方法以及一口氣自大方向加以解決的 2 種方法。外部量子效率屬於前者；而內部量子效率則屬於後者。

提高內部量子效率當然相當重要，但即使內部量子效率高達百分之百，若光釋放至外部的效率偏低時，便無法提高全體的效率。主要仍在於最後釋放至外部的光必須是能夠爲人眼所見方才算數的緣故。

無論是螢光或磷光，在使用非晶質的有機膜發光時，由於並非一如雷射光線一般地具有指向性，光可能朝向橫方向洩漏，或由於有機材料與電極或基板材料的屈折率不同，而被封閉於元件內部。即使內部量子效率爲百分之百，但釋放至外部的光也將降低至20～30％。

假若內部量子效率爲25％，光的釋出效率爲20％時，則外部量子效率僅5％而已，人類眞正能夠使用的光相當有限，這種效率誠屬低劣而不堪使用。

當然，各方皆正爲提高外部量子效率而努力，一一瞭解效率低落的原因之後，正尋求對策加以改善中。

◆應用於顯示器上時，電力效率也相當地重要

電力效率又稱爲視感效率，爲實際應用於顯示器或照明時，作爲電力消耗基準的一種參數。單位爲流明／瓦特，用以表示單位電力消費時能夠取得的光。

由於電力（瓦）爲電流與電壓的乘積，在希望獲得某種亮度而需通過某種大小的電流時，則電壓較低時能夠獲得較高的電力效率，消費電力也較小。因此在實用化之際，如何降低驅動電壓遂變得相當重要，現今正致力於開發移動度高的材料，或在電極材料上下工夫，使能夠以較低的電壓注入電洞或電子。

最近的元件，已可以利用數伏特的驅動電壓獲得一千～一萬燭光的亮度。量子效率、電力效率以及壽命的關係如下表所示。附帶一提，PDP 等其他顯示器的電力效率約爲 1～2 流明／伏特左右。

○使用螢光材料之有機 EL 元件的特性

	外部量子效率（%）	電力效率（流明／W）	壽命（小時）
藍	5～6	5～8	數萬
綠	5～6	10～15	數萬
紅	2～3	1～3	數萬

○使用磷光材料之有機 EL 元件的特性

	外部量子效率（%）	電力效率（流明／W）	壽命（小時）
藍	10～11	10～11	數百
綠	15～20	60～70	數千
紅	～7	7～8	數萬

○表中，螢光元件之數據為實用的低分子系元件之資料；磷光元件則為論文 Base 之資料，高分子系中尤其是藍色光的壽命最短，其間之差距可達一個位數。

○壽命為初期亮度為 100 燭光時之值。

○電力效率亦稱視感效率，考量人眼對於各種顏色的靈敏度，因此依顏色的不同而呈現較低之值。另外，由於數據係表示每單位電力時的光束大小，因此，驅動電壓愈低時，其值也愈大。

6 「R＋G＋B＝白」未必正確？

◆因城戸君才導入稀土類元素

前面的說明牽涉到稍微艱澀的原理，在本章之末，擬就筆者本身與有機ＥＬ間的機緣作簡單的介紹，希望藉此使讀者瞭解前一節之說明中筆者獨鍾稀土類的理由，以及使有機ＥＬ中發出「白色光」的方式是如何地富趣味性。

「城戸君，因為是你，所以不妨研究稀土類元素看看！」說這句話的人是筆者在早稻田大學時代的土田英俊指導教授。當然，當時並非只是隨便說說，而是著眼於將來的研究而說這句話。

日本群馬縣高崎地方設立的核能研究所，主要在蒐集核能發電廠廢水中相關的放射性元素並予以再利用；其中也兼做收集金屬離子的研究，是一種使用離子交換樹脂，針對特定金屬離子加以收集的研究。

但是，在大學裡並無法處理輻射性的金屬離子。該輻射性金屬為「錒（actinide）」系列之元素，由周期表可知，係位於稀土類的下方，具有輻射作用。只是錒的性質與鑭系元素（稀土類）相似，因此，被選為稀土類的樣品。製造收集稀土類的離子交換樹脂則為筆者當時的研究主題，從那時便開始進行「稀土類」的研究，之後，自筆者赴美留學以來，便一直與稀土類結下不解之緣。

◆全盤失敗的旋轉塗布實驗

在美國留學期間（84年～89年），唐氏已提出論文，但筆者則是在返回日本之後才接觸該論文。由於筆者的專長為高分子化學，從未接觸與電子元件有關的論文。當時在研究高分子領域中享有盛名的紐約 Polytechnic 大學岡本善之教授的研究室中，正進行著高分子與稀土類金屬離子之結合反應的研究。一面合成高分子，一面測量螢光，觀察其發光特性，並考量「能否利用電流使稀土類金屬錯化合物發光」的問題。當時便已針對有機 EL 的問題加以留意，在調查以前曾經發表的論文之後，發現到有人進行著與一九六〇年代論文相同的研究。紐約大學的波普（M.

城戶 NOTE

城戶的研究係利用稀土類發生高亮度光的研究。

PoPe）教授等即爲其中之例。自忖「怎麼還有想利用電流以點亮有機EL的人」，當時便已悄然地墜入該一領域。偶然的，岡本教授以前執教於紐約大學，曾經爲波普教授製作有機結晶，筆者當然立即訪問了岡本教授與紐約大學的波普教授。

當時一個接一個將手邊的稀土類金屬錯化合物塗布於電極上製成元件。並非使用眞空蒸鍍方式，而是採行旋轉塗布的方法，而且也只是粗糙地將有機材料（粉）溶於溶液中再加以塗布而已，因此產生了較多的針孔。實驗了若干次之後便發生短路現象，所有的實驗皆以失敗收場。結果，在美國留學期間從未見過發光現象，但當時筆者主意已定，日後將持續研究有機EL。

◆唐氏進行的研究爲寬頻帶的光，若使用稀土類時…

雖然在早稻田時便邂逅了「稀土類元素」，知道發出的光線具有極佳的線狀光譜（參照次頁之圖）。一般有機物的光譜較爲緩和而呈現寬頻帶之光譜，光的純度並不高；稀土類元素的場合，也只有綠色、紅色的光譜部分較爲突出而發出固有的光色。參閱周期表可知，稀土類之元素共17種，但能夠發出強光者，只有鋱（Tb）、銪（Eu）、鈰（Ce）而已。

城戶NOTE

蒸鍍機：蒸鍍機也可使用於半導體的研究，半導體的材料為無機物，處理這種無機材料的研究者並不喜愛有機材料。原因應該是利用蒸鍍機蒸鍍有機物將沾污裝置，筆者曾向學界內的奧山教授借用蒸鍍機，迄今仍懷感謝之意。

「稀土類」中群聚著受注目的元素

IA	IIA	IIIA	IVA	VA	VIA	VIIA	VIIIA	VIIIA	VIIIA	IB	IIB	IIIB	IVB	VB	VIB	VIIB	O
1 H																	2 He
3 Li	4 Be											5 B	6 C	7 N	8 O	9 F	10 Ne
11 Na	12 Mg											13 Al	14 Si	15 P	16 S	17 Cl	18 Ar
19 K	20 Ca	21 Sc	22 Ti	23 V	24 Cr	25 Mn	26 Fe	27 Co	28 Ni	29 Cu	30 Zn	31 Ga	32 Ge	33 As	34 Se	35 Br	36 Kr
37 Rb	38 Sr	39 Y	40 Zr	41 Nb	42 Mo	43 Rb	44 Ru	45 Rh	46 Pd	47 Ag	48 Cd	49 In	50 Sn	51 Sb	52 Te	53 I	54 Xe
55 Cs	56 Ba	57 La	72 Hf	73 Ta	74 W	75 Re	76 Os	77 Ir	78 Pt	79 Au	80 Hg	81 Tl	82 Pb	83 Bi	84 Pe	85 At	86 Rn
87 Fr	88 Ra	89 Ac															
			58 Ce	59 Pr	60 Nd	61 Pm	62 Sm	63 Eu	64 Gd	65 Tb	66 Dy	67 Ho	68 Er	69 Tm	70 Yb	71 Lu	
			90 Th	91 Pa	92 U	93 Np	94 Pu	95 Am	96 Cm	97 Bk	98 Cf	99 Es	100 Fm	101 Md	102 No	103 Lf	

Eu 錯化合物造成的光譜

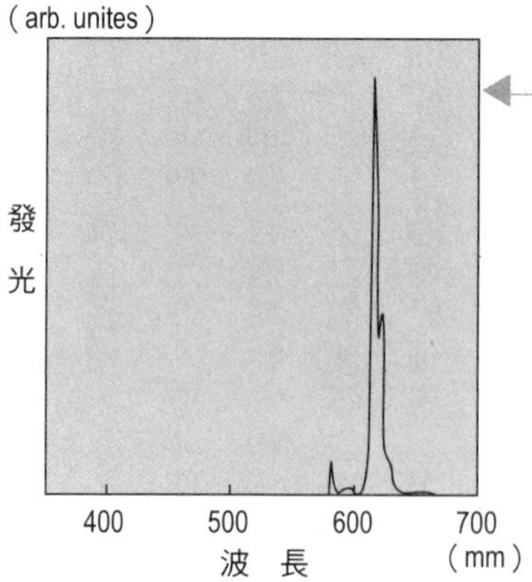

「稀土類」為上圖之周期表中由黑顏色所框出之 17 種元素。也就是所謂 Rare earth element，以往被認為是稀有的金屬，在化學上的性質頗為相似。最初彩色電視的彩色不佳，由於摻雜了稀土類的紅色之後，方使彩色更加美麗，故被稱（輝度／稀土）電視」。

左圖為 Eu 的光譜，波形幾乎集中於一點，可知其彩色特性之優良。

87年返回日本後方才略知唐氏發表的論文。由於唐氏所使用的是寬頻帶有機物光，因此筆者立即考量「若使用稀土類元素時，必定能夠發出更美麗的光」，於是前往企業界借用裝置，或利用寒暑假期間前往美國的布魯克海芬國立研究所，實際進行發光的實驗，並自一九九〇年開始提出論文。當時身爲助手的筆者並無充裕的經費，只得藉該等論文充當補助款項繼續研究，並尋求學校內具有眞空蒸鍍裝置的共同研究者，或設法購買一部或兩部蒸鍍機。

◆開發「白色光」的發光體

今已研發成功能夠發出藍、綠、紅等各種顏色光的有機EL材料。但迄未發現發出白色光的材料。由於「將RGB予以混合便能夠呈現白色」爲一般的常識，換句話說，若欲輸出白色光時，那麼，只需利用RGB三種顏色予以表現即可，如此一來，實現彩色的有機EL顯示器應該並不困難。

筆者在山形大學擔任助理第3～4年的一九九三年，成功地獲得白色光。當時，世上分爲低分子系與高分子系（Polymer系）兩種研究方向，筆者剛剛進行「在高分子中混入低分子使之發光」的新研究。本來，當時並無法利用蒸鍍方法將稀土

城戶NOTE
最先正經地從一只燒杯開始進行。在大學裡通常由助手或助教承繼教授的工作，將相關工作料理妥當。大學畢業後隨即赴美，對於重回助手的筆者，研究者生活可以說自0重新開始。

類元素的低分子銪錯化合物（紅色）形成薄膜，因此只得將高分子與低分子銪錯化合物予以混合後再加以塗布（使用高分子系的成膜方法）。這時便首度成功地獲得了白色光，而其契機便是來自稀土類元素。

市面上出售的高分子系（Polymer 系）材料中，已有能夠發出極佳綠色光的材料，爲了設法使發出高亮度的光線起見而不斷地進行研究。藍色高分子的激勵能量準位相當高，若在其中混入綠色的色素時，結果將會如何？——若讀者認爲將發出「藍色與綠色的中間顏色光」時，這種見解便不正確。正確的答案爲「綠色」。——其原因將在後面再做說明，以下茲先行介紹更進一步的一些事項。

利用有機 EL 製作電視，或個人電腦的顯示器時，必須具備「光的三原色＝RGB」，也就是紅（R＝Red）、綠（G＝Green）、藍（B＝Blue）。因此，在進行研發之際，設法先使藍色的高分子發光，接著使發出綠光，然後是紅光…，依序逐步加以研究。

某日，正準備使材料發出紅色光的實驗。通常，藍色光高分子的能量可以轉移至紅色一方，雖然能夠發出紅色光，但轉移的效率並不高。因此，當時緩慢增減發出的藍色光，也設法發出一些紅色光……，就在這種情況下，不意竟然發現發出白

城戸 NOTE

從實驗失敗乃至成功：雖預期能夠「發出白光」，該實驗結果並未如預期而告失敗。但從失敗中卻發現了重要的關鍵事項。

色光而大爲震驚。當時雖然發出白色光，但並非完全呈白色，因此混入稍許的綠色，使RGB能夠全部發光以獲得白色光。

當時，參與實驗的學生由於無法發出紅光，以失望的表情進入筆者的房間。但是，獲得啓示能夠發出白色光的筆者卻是雀躍三丈，因爲在那一瞬間，筆者掌握了從失敗中能夠步入成功的線索。

◆「R＋G＋B≠白」

通常，將三原色的光「RGB」予以混合時能夠獲得「白色」的光。但在有機EL的世界裡，「將RGB加以混合並無法獲得白色光」則爲一種常識。若單純地予以思考時，任何人皆會認爲，將高分子中3種類不同光色的物質予以混合時，應該可以得到白色光，但實際上並非如此。將不同光色的色素予以混合時，則在受到激勵之際，能量將朝向最低能量準位的方向移動——發出最低能量準位的顏色。能量準位的大小依序爲藍、綠、紅，藍光的能階最高。

如此一來，「藍＋綠」將會變成何種顏色…？在分子的場合，藍色的色素處於激勵狀態便表示其能量準位較綠色爲高。而能量係自高處往低處移動，如同水自高

從分子至分子間激勵能量之移動

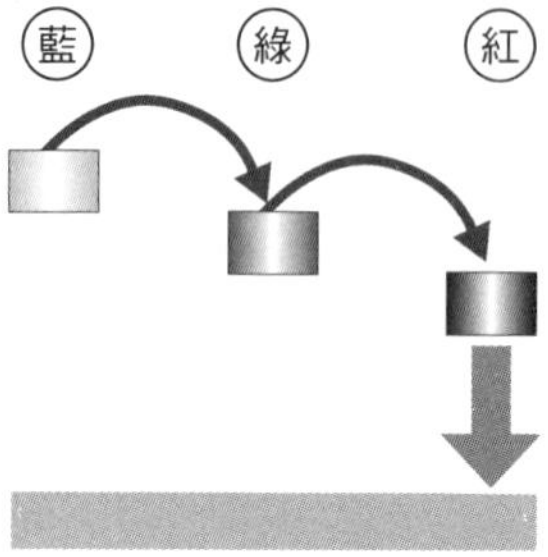

距離近（溫度高）時將造成能量移動，只發出最低能階的紅色光

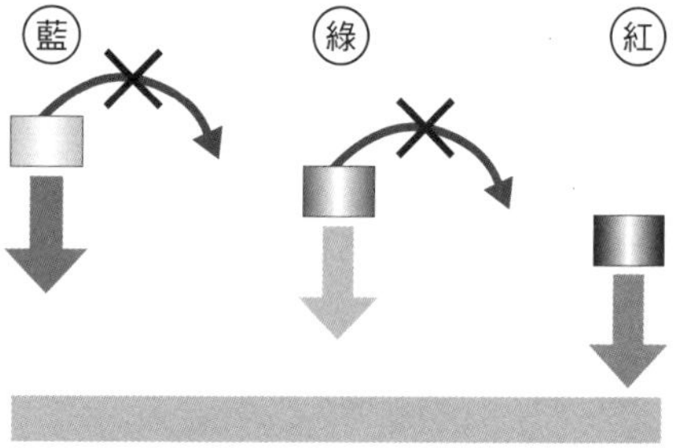

距離較遠（溫度低）時便不易引起能量的移動，可發出藍、綠、紅光

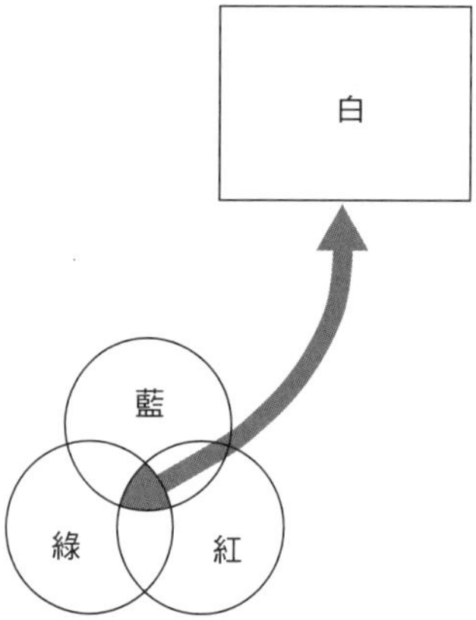

能量的授受與距離的 6 次方成比例

依上述原理，使與的濃度相當地低時，便可形成 3 色的混合色，也就是白色

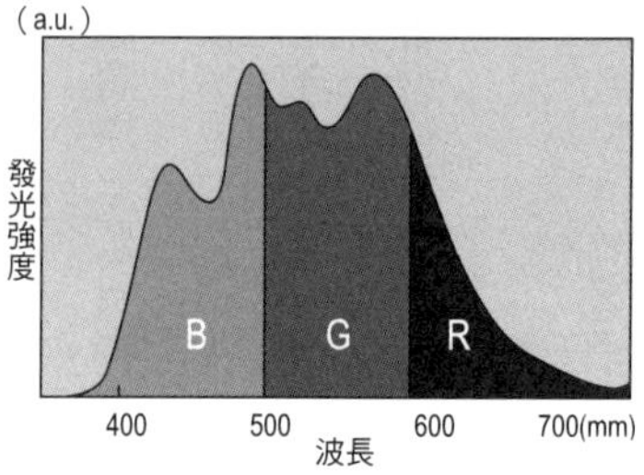

城戶 NOTE

最前端的科學技術並不為被一般常識所束縛——這是一種常識。

處流向低處一般，由位能較高處移往位能較低之處。

因此，當藍與綠混合時，並不形成「藍與綠的中間色」而係變爲綠色，其理由便在此。當同時激勵藍與綠之物質時，藍方的能量將移向能量準位較低的綠色側而使全體呈綠色。同樣，綠與紅混合並予以激勵時，綠的能量將移向紅方。如此一來，若干種類的色素加以混合之後，最後所發出的光將變成能量最低的光色。

◆與距離的 6 次方成反比——白色的誕生

那麼，在筆者的實驗裡，藍色高分子中加入紅色的色素之後，理應發出紅色光，但何以會呈現「白色」光？何以不是紅光？而當另外加上綠色之後何以會變成純白…？

實際上，由理論可知，能量的授受係「與距離的 6 次方成比例」。也就是距離較大的分子之間，能量的授受較爲困難。如此一來，若低分子色素的濃度予以減低時，色素間的距離隨之增加。逐漸地減低濃度，便能夠抑制能量的授受，使不朝向綠色或紅色一方偏移，如此一來，不就可以分別發出 RGB 三種光？若能夠製成極薄的程度，使能量的授受變得十分困難時，便能夠發出三種光。

總之，只要極力減低綠色與紅色的濃度時，也可以發出藍色光。只要逐步減少綠與紅色的濃度，使能量不爲紅色所接收即可。

利用這種控制濃度的方式，使能夠發出所有的光——如今看來雖然已成爲一種常識（新常識），但在當時（舊常識），若在一個高分子中混入若干種類的色素時，僅能夠發出能量最低的光……如今這種舊常識已被顚覆。

第2章

從元件的製造至封裝保護

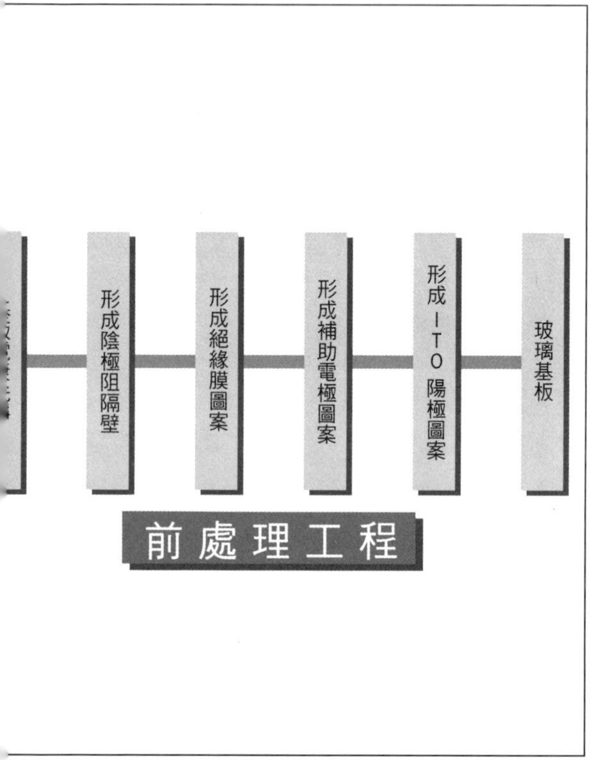

「與其只是學習，倒不如下些功夫熟稔它！」這一章擬探討有機EL元件的實際製造過程，藉有機EL的理論與工廠現場的實際對照，更能夠加深印象。

上圖之流程係

城戶 NOTE

在主動型的場合，基板為TFT基板。另外，由於無需形成陰極圖案的作業，因此並無需上圖中所示的「陰極隔壁」形成工程。

被動式全彩色有機 EL 之製程

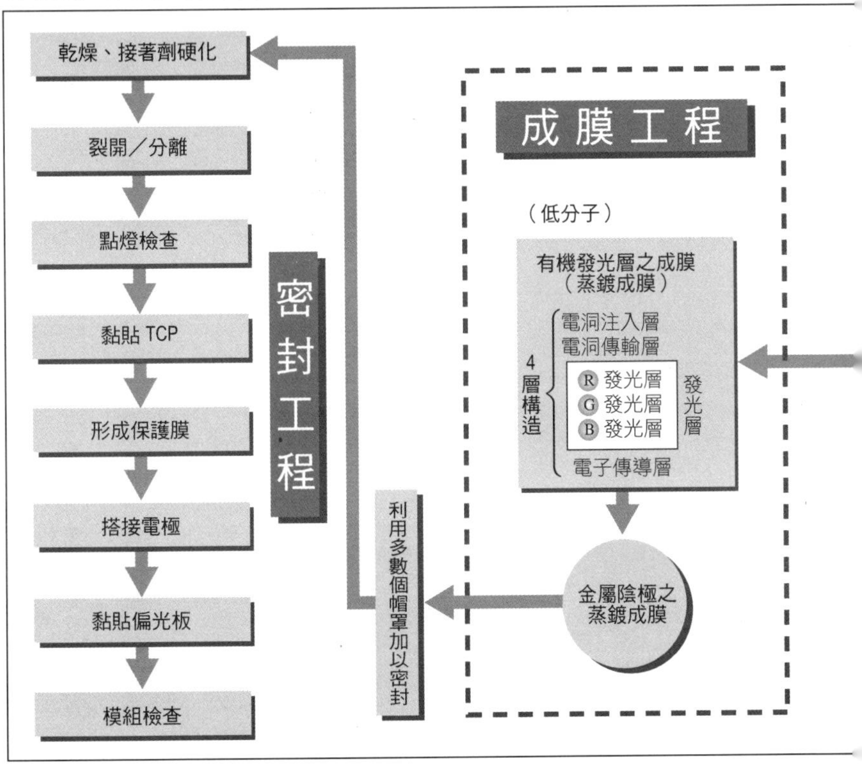

低分子系被動式全彩色顯示器的製造流程。

工程大致上可以分為「前處理工程」、「成膜工程」以及「密封工程」等階段。前處理工程主要在於形成ITO電極的圖案、絕緣膜的成膜以及圖案的形成等作業。

成膜工程為形成有機膜、電極等

城戶 NOTE

閱讀本書時，若欲瞭解書中的說明究竟位於何種階段，則請參閱本圖。本圖為全體的流程圖。

成膜工程。

而密封工程則爲加工完成的元件予以防護，使與大氣隔離的工程。

另外，前圖中虛線圍繞的部分爲成膜工程的部分。

2 從ITO至發光層的成膜作業

◆以ITO作爲基板——形成電極部分的圖案

由於有機EL層（發光層）只是一層薄膜。進行處理作業時，勢必要將薄膜附於某種基座或基板上。最常使用的爲玻璃基板，最近正研究使用能夠捲曲的塑膠質基板。由於基板必須能夠透過發光層所發出的光線，因此必須是「透明的」基板。

最先被覆於玻璃基板上方的是電極，一般爲「陽極（正極）」，該電極的材質爲ITO（Indium Tin Oxide）。前面已曾多次介紹，ITO爲「銦與錫（Tin，元素的記號爲Sn）的氧化物（Oxide）。

其實，研製有機EL時並無需自己另行製作被覆的ITO膜，由於液晶之業者早已量產附有ITO膜的「ITO基板」，因此只需購入這種基板即可。

形成 ITO 電極之圖案

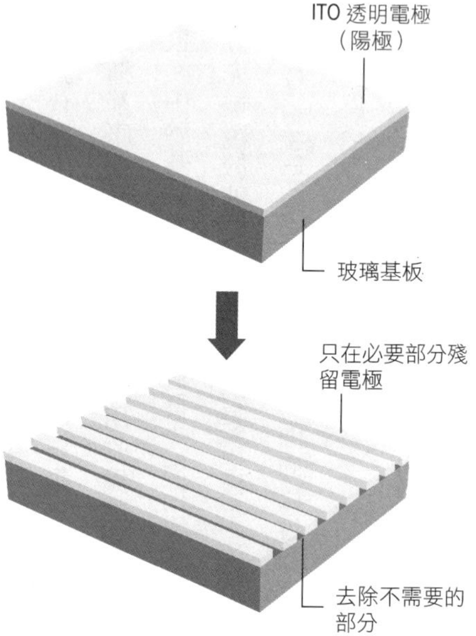

最初進行的工作係在購入的ＩＴＯ基板上形成電極（陽極）的圖案。當然ＩＴＯ基板上已全面塗布ＩＴＯ膜，由於ＩＴＯ爲電極（陽極）之一，與後來所附加的陰極（主要爲鋁膜）形成棋盤之形狀，電壓便加在縱橫電極的交點上。製作時係以蝕刻方法將不需要的ＩＴＯ膜部分削除，僅殘留需要的部分，該項作業即所謂的圖案形成作業。

其次，在已形成圖案的ＩＴＯ表面被覆絕緣膜，使僅露出發光部分。這項作業一般使用名爲感光膠的聚合物。然後再依顯示器的型式形成間隔之壁，並形成陰極的圖案。由於作業中可能殘留渣滓、空氣中的塵粒或濕氣，故最後經過一次洗淨處理。先以濕式洗淨，最後使用乾式洗淨。所謂乾式洗淨係使用ＵＶ（紫外線）、臭氧、或氧氣電漿的洗淨處理。

城戶 NOTE

洗淨處理：易使人想像為「單純的清潔」，實際上這種作業極費工夫。污物與濕氣為最大的敵人。在半導體或液晶、有機 EL 的製程中，洗淨工程為相當重大的工程。

接著是在表面已洗淨的ＩＴＯ膜（電極）上附加各種薄膜的作業。

◆低分子系採用蒸鍍方式成膜

依照低分子系有機材料或高分子系（polymer 系）有機材料的不同，採用不同的薄膜被覆作業方法。以下擬先對低分子系的成膜方式加以介紹。相信讀者對於低分子材料系中的多層構造仍具印象（高分子系的場合爲單層構造），其中包括注入層、傳輸層、發光層等。這些薄膜通常使用真空蒸鍍機成膜。

首先，在蒸鍍機眞空室之支持台（基板支持器）上，將已經完成圖案化的ＩＴＯ基板朝向下方安裝，其次將備妥的低分子系材料置於熔爐中，眞空室抽成眞空，並將熔爐加熱至高溫使材料氣化，氣體在蒸鍍機中浮游並附著於上方的ＩＴＯ基板上，這就是所謂的蒸鍍方法。由於在眞空環境中作業，故稱爲「真空蒸鍍」。

這種眞空蒸鍍法係依照

①形成電洞注入層（在ＩＴＯ電極上）

②形成電洞傳輸層（在①之薄膜上）

③形成發光層（在②之薄膜上）

城戶 NOTE

氣化（氣體化）：依材料可以分為先將材料溶解再予以「蒸發」之類型，以及不加以溶解而自固體直接氣化的「昇華」型。

④形成電子傳導層（在③之發光層上方。圖示的場合，該層兼作電子注入層之用）

⑤形成陰極「電極」（④之薄膜上）

的順序形成各層之薄膜。各層的有機膜厚度約在20～50毫微米之間。

如上所述，使用低分子系材料時，係在「乾燥狀態的真空中」形成薄膜。

◆高分子系材料使用旋轉塗布法

與上述相反，使用高分子系材料時，基本上採用單層（或2層）構造」而非多層構造。在進行ITO表面的洗淨作業之前，相關的作業與使用低分子系材料的場合相同，以後的「發光層等薄膜的成膜方法（前節的①～④）」則有較大的不同。由於只需形成單層的薄膜，因此其製造工程較低分子材料的場合單純。

首先將高分子材料（polymer）溶解於溶液中，然後滴於ITO基板上。接著旋轉基板，使板面塗布一層液膜，這種塗布方式便稱爲「旋轉塗布法」。也就是在使用高分子系材料的場合，直接的在ITO上形成發光層（無傳輸層或注入層）。由於如此，其形體較爲單純，製造上也較蒸鍍法更簡單容易，既無需眞空環境也無

城戶 NOTE

將高分子溶成液體：無論是低分子或高分子。有機 EL 元件對「濕氣」的承受力極低，這裡所指的「溶成液體」並非溶於水中，而是溶於有機溶劑中。

需使用高溫。

最近則已不再是採行單層而已，逐漸採用在ＩＴＯ電極上追加一層「電洞注入層」，然後在其上方被覆發光層的「2層型」構造。由於加上了電洞注入層這種緩衝層，因此能夠以較低的電壓驅動，並增長其使用壽命。

待這種塗布的溶液（混入高分子材料）乾燥之後，藉由光罩，僅在必要的部分，利用眞空蒸鍍形成電極（陰極）。

◆電極（陰極）的形成

各層的成膜作業皆已完成後，最後進行被覆「背面電極（陰極）」的作業。使用的材料爲鋁等金屬，其方法也有若干種類。

在實際的生產線上，部分使用電子束蒸鍍方法，也有使用一般的電極加熱蒸鍍法，而筆者本人則正檢討量產性高的濺鍍法。

低分子系的成膜製程

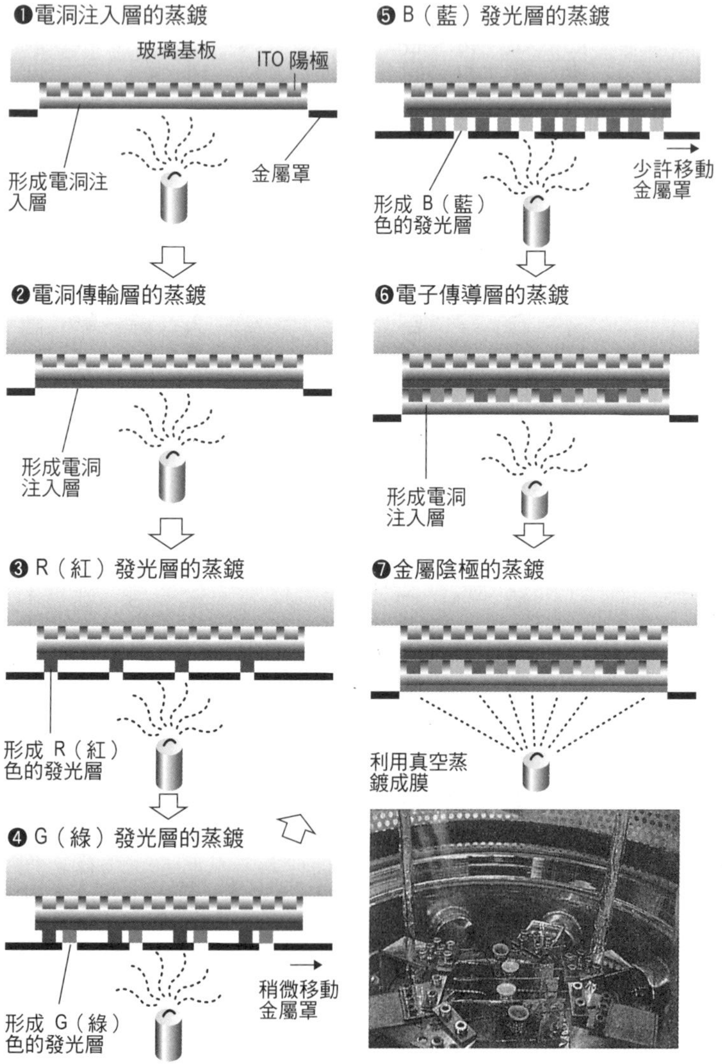

城戶 NOTE

上圖之蒸發機（內部照片）為筆者所常用，與量產機不同，因此並非全自動，以人工自行調節也饒富趣味，圖中可見 4 具熔爐。

3 眞空蒸鍍與光罩法——低分子系

◆依材料之不同而採行加熱蒸鍍或電子束蒸鍍

前節已對成膜的方法稍作介紹，在此僅做簡單的總結。

首先，低分子系係以「真空蒸鍍法」形成薄膜，在眞空蒸鍍法中可以分爲電阻加熱蒸鍍法與電子束蒸鍍法等方式，但在低分子系中則以「電阻加熱蒸鍍法」爲主。這種方法係將有機物置於眞空蒸鍍機中的熔爐內，電阻絲通電加熱，使達到蒸發或昇華（氣化）狀態，然後在固定基板上形成薄膜的單純方法。

另一種「電子束蒸鍍法」則係利用電子束照射材料（稱爲靶材）利用其高能量使材料加熱並昇華，再進行蒸鍍，爲結構較爲粗糙的方法。在靶材材料爲鋁等金屬（無機物）或ＩＴＯ等氧化物的場合，即使照射電子束也無任何問題，但以這種方

加熱蒸鍍與電子束蒸鍍的不同

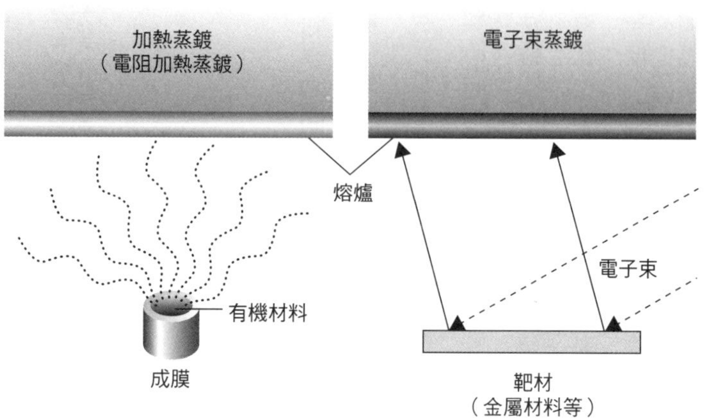

法處理有機物時，若電子束的能量太大，可能導致材料中的有機物質自行分解。因此，在處理有機EL等有機物上，一般皆使用加熱蒸鍍方法。

◆眞空蒸鍍的問題點

雖然在形成薄膜時，眞空蒸鍍法爲相當良好的方法，但這種眞空蒸鍍法仍存在著若干問題。

第一、有機EL中，有機膜全體的厚度極薄，約只有100～200奈米左右，在這種厚度之下必須形成無針孔、無缺陷且厚度極均勻的薄膜（±5％以下）。但這種要求顯然相當地難以達成，尤其是當基板尺寸愈大時，希望在基板全體形成均一的薄膜幾乎是無法達成的作業。

實際上，蒸鍍源（有機材料粉末）置入熔爐中並予以加熱蒸發時，將形成陣陣氣體狀的煙霧，僅在這種環境之下便無法獲得均一的薄膜，原因在於蒸鍍源上方的氣體濃度較厚而周圍則較薄。有機膜的厚度有其最適當的厚度，厚度變化時，元件本身的特性便隨之改變，從而減少元件的良率，產量勢將因而降低。

因此，蒸鍍源在蒸發時，使蒸鍍源與基板中心設定於一適當的距離，並旋轉基板期使基板全體能夠形成均一的薄膜。除此之外，嘗試改變蒸鍍源與基板間的距離等，期使膜厚爲一定，亦爲極重要的事項。

第二、蒸鍍源之有機物在處理時有其困難度。在與金屬或無機物比較之下，有機物的熱傳導性相當低。例如，將有機物置於大型熔爐之中，雖可以使用較長的時間，但裝塡材料的時間間隔較長，若放入太多的材料，則在加熱蒸發之際，雖然熔爐壁面已加熱至高溫，但內部尙未受熱，如此便無法獲得良好的蒸發效果。

因此，爲使材料能夠獲得良好的蒸發起見，熔爐也需要有良好的設計。其間涉及盤面製造廠家的專業技術。該專業技術通常並未回饋至裝置製造廠。因此，雖然自相同裝置製造廠購入相同的機械，但由於熔爐周邊的配合係由盤面製造廠側加以

城戶 NOTE

熔爐的設計：即使購買同一製造廠家的裝置，並非所有的加工工作皆相同，台灣製造、韓國製造或日本製造之製品水準不一，原因在於顯示盤製造公司本身有其 Know How 之故。

安排，因此即使其他公司也採用相同裝置，產品品質並未必相同。

◆區分RGB的顏色——遮光罩法

希望塗布一層均勻的薄膜雖然並非難事，但在實現全彩色時，則必須採行各種操作方法。在後面的彩色化結構中將再作說明，在彩色化時，必須將RGB三原色的有機色素分別塗布於狹小的範圍內。為實現這種要求，可以採行以下介紹的遮光罩法（簡稱為光罩法）。在應用低分子系的蒸鍍方法實現全彩色的方法（RGB分別塗布）中，以這種光罩法的使用最為廣泛。

首先，在基板前方置一開有窗口的薄金屬板（遮光罩），只在開窗的部分蒸鍍「RGB」的色素（有機材料＝發光層）。例如，最先覆上一層紅色，將光罩稍微移動一些距離再蒸鍍綠色的色素，然後再蒸鍍藍色色素——如此，一面移動開窗的光罩位置，一面蒸鍍RGB的色素。這便是一般低分子系的全彩色作業方法，不過，遺憾的是仍存在著一些問題。

第一、RGB色素的大半材料，將重疊在金屬板上，造成較多的浪費。95%以上的材料將附著於蒸鍍室的側壁或堆積於光罩上。

第二、由於遮光罩全體的熱膨脹關係，因此不易獲得高精度的位置控制。以下將就這一點作進一步的說明。

◆形成遮光罩圖案作業的困難點

遮光罩法的困難點在於不易高精細化。例如，子畫素（sub pixel）爲50微米×100微米並列時，則在移動光罩之際，便必須維持全體的精度在±5微米的精度之下。

但在眞空蒸鍍時，熔爐被加熱至200～300℃（電阻加熱蒸鍍），該輻射熱將使遮光罩全體產生膨脹。基板尺寸較小時，即使有稍許的偏差尙無大礙；但在量產或基板全體的面積較大時，該膨脹便將造成影響。例如，四百毫米的方形光罩，蒸鍍期間因受熱而膨脹時，遮光罩之端部將產生數十微米的誤差。本來的需求爲±5微米的精度，但光罩本身的一端便已造成數十微米的膨脹，必然將使RGB的位置造成誤差而形成空虛或重疊。

解決上述困難點的方法爲增加蒸鍍源（熱源）與基板間的間隔，以減少熱傳導，減少膨脹。但間隔增加時，便可能有部分蒸氣無法附著於基板上，材料的利用率將

利用遮光罩法塗布 RGB 材料（低分子系）

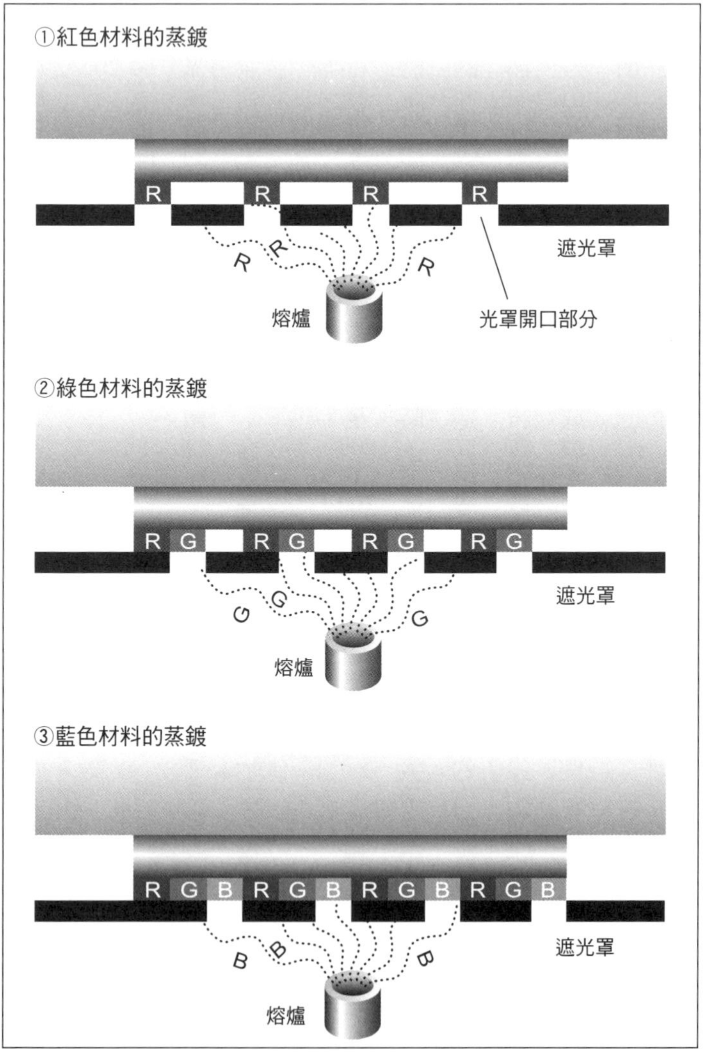

因而極端劣化。另外，達到一定膜厚所需的時間增長，結果造成產能降低。

因此，尺寸爲一公尺左右的基板，在塗布 RGB 材料時，幾乎無法藉遮光罩方法達成要求的條件。

事實上，即使不使用遮光罩法，仍有其他實現全彩色的方法（低分子系），「白色發光元件與彩色濾光鏡的組合」等即是，目前便有若干廠家正對這種方式進行檢討。

4 塗布技術與噴墨法——高分子系

◆旋轉塗布法適用於研究室

在高分子系的場合，由於是以「單層構造（僅是發光層）」爲主，成膜作業較爲簡單。使用的方法爲旋轉塗布法。在大學或研究所中製造樣品時，也多使用簡單型的旋轉塗布法。

旋轉塗布法自早便成爲高分子的薄膜成膜方法，且廣爲一般所使用。旋轉塗布法如次頁之圖所示，先製成高分子的溶液，在欲形成薄膜之表面滴下數滴溶液，然後高速旋轉基板使形成薄膜。

旋轉布敷法雖然簡單，但相反地，這種方法也存在著若干缺點，因此並不易進入實用化。

確實，對於一些研究人員而言，由於這種旋轉塗布法相當簡單，利用這種方法能夠快速製作元件，頗適於作材料的評價用。但其第一個缺點就是材料的使用效率低。

在量產階段，材料效率的良否具有決定性的影響。這種方法先是滴下溶液、旋轉安裝之台，使溶液向外伸展造成薄膜，實際上所造成的薄膜，只不過占溶液的5%～10%而已，其餘的90%以上則將附著於旋轉塗布機之壁上（參閱左側照片）。

旋轉塗布法的結構

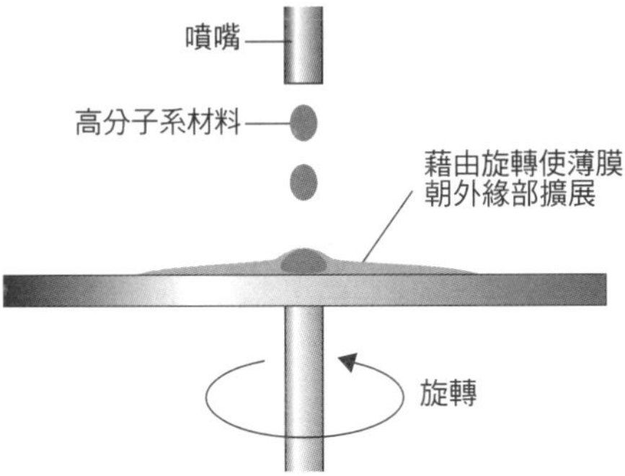

實驗室中的旋轉塗布情形

端部附著較多的溶液！

旋轉塗布機的壁上附著
許多有機溶劑

第二項缺點爲不易控制薄膜的厚度。在製作研究室用的小型樣品時雖然能夠被接受，但在量產階段，基板的尺寸較大（否則便不敷成本），例如四百毫米平方的基板利用旋轉塗布法時，欲製作膜厚分布在2±5％以下的薄膜便已相當困難，因此，量產時並不適用旋轉塗布法。即使採行這種方法，基板的大小也僅限於二百毫米平方的大小而已。

在製作全彩色顯示器的場合，由於必須分開塗布RGB材料，旋轉塗布法並無法進行這種作業，因此僅限於單色顯示器使用，此意即必須尋求另外的新方法。

◆區分RGB的顏色——實用的噴墨法

在考量高分子系（polymer系）的量產時，若無法使用旋轉塗布法，那麼宜採用何種方法？是否尚有其他實用的方法？——事實上，EPSON具領先地位的噴墨方法便是最有希望被採行的方法。

正如射擊時必須先瞄準必要的部分之後再予以發射一般，也就是在正確的位置下，自噴頭噴出有機材料的溶液或RGB色素。「紅、綠、藍、紅、綠…」依序予以分開塗布，噴點的間隔能夠控制於數微米的水準。這也就表示噴墨方法爲劃時

城戶NOTE

EPSON處於領先地位：精工－愛普生之外，日本境內尚有東芝松下顯示器試作噴墨方式的顯示面板。

藉噴墨法進行 RGB 的塗布（高分子系）

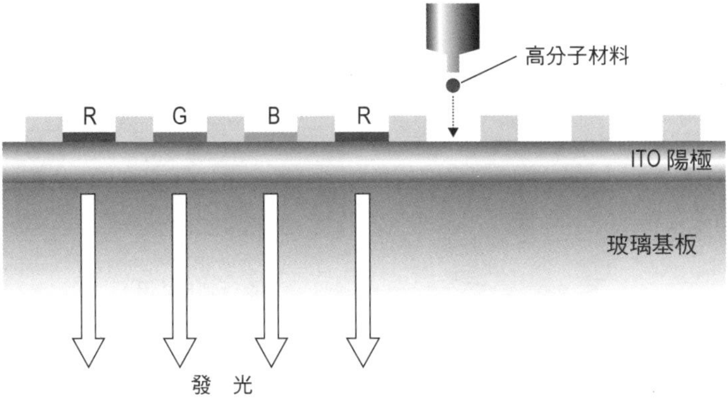

噴墨之圖案形成裝置

專門製作有機 EL 元件之噴墨印刷機的外觀。
照片提供：精工－EPSON 木口浩史（下圖同）。

EL 墨水的彎月面（meniscus）控制

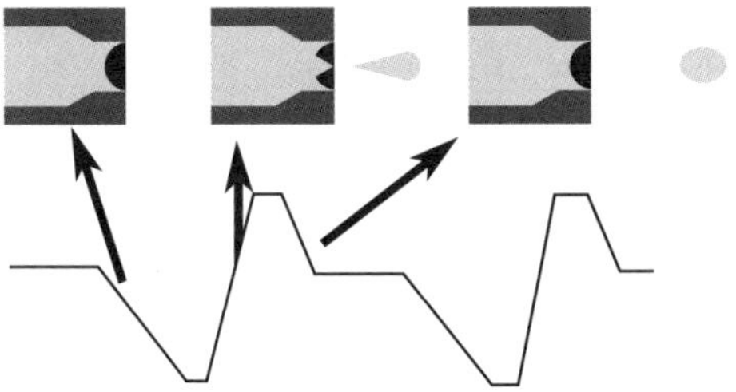

利用壓電元件強制的對彎月面之震動予以制震的概念圖

大日本印刷的照相凹版印刷方式

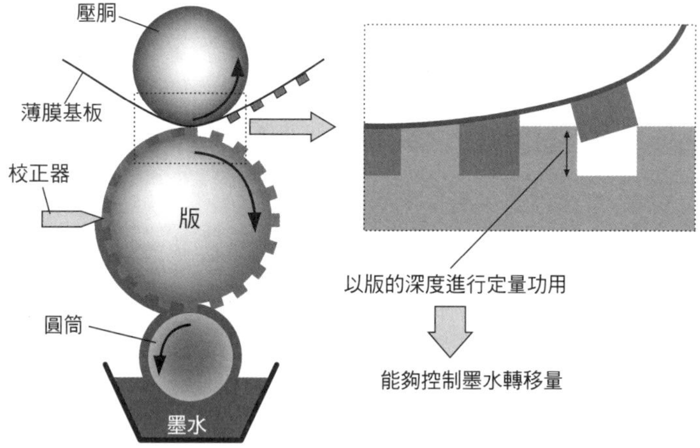

代的一項重大技術。

旋轉塗布法將造成90～95%大量材料的浪費，噴墨方法則幾無浪費存在，飛躍地提升有機材料的利用率。現在，有機EL的材料價格極爲昂貴，使用這種高效率的方法時，便能夠大幅降低成本。

與僅能夠施行全面塗布的旋轉塗布法相較之下，噴墨方法最適於全彩色的塗布，也因此可以說是向前跨出了一大步。

◆大日本印刷劃時代的印刷法

基本上，利用噴墨方法製造高分子的薄膜（分別塗布RGB色素）爲印刷技術的一種應用。印刷技術中雖有活版印刷、網版印刷、膠板印刷，照相凹板印刷等種，但大日本印刷（DNP）的印刷技術不僅是「噴墨印刷法」而已，即使採用照相凹板印刷，其精度也足以用來塗布 RGB 色素（高分子系）。

使用印刷方式也可利用於全面塗布之作業，可以利用照相凹板印刷分別對於微米寬的線條塗布 RGB 色素。不僅如此，由於應用照相凹板印刷方式，因此也可以做畫圖之用，能夠製作有機 EL 的發光海報。

另外，與噴墨印刷相同，照相凹板印刷也具有材料利用率極高的特徵。雖然高分子系（polymer 系）有機材料的壽命較低分子系爲短，若一旦發現了解決壽命問題的材料時，由於能夠使用高效率的印刷技術，屆時的局面可能將會相當地富戲劇性。

城戶 NOTE

印刷技術：其他尚有噴灑塗布或網版印刷製作成功的報告。

5 陰極阻隔壁的構想

◆逆台階形狀「陰極阻隔壁」的構想

接下來的問題是如何形成陰極？在被動式顯示器中，與陽極相同，必須形成條紋狀的圖案。

由於有機ＥＬ使用的是有機膜，假若先全面形成電極的薄膜，然後再藉蝕刻方式使其形成條紋狀時，有機膜恐有遭受損壞之虞。因此有必要以特別的方法製作圖案以形成電極。

這時便出現了一種相當有創意的構想。在80頁所說明的低分子系製造流程中出現的「形成陰極阻隔壁」，便是先鋒公司所研發的方法。

參照次頁之圖形，該圖係橫方向所見的示意圖。在ＩＴＯ基板上預先利用光蝕

城戶 NOTE

畫素較大、較粗的場合，陰極的蒸鍍可採用遮光罩法。

藉由陰極阻隔壁在無需使用光罩之下形成圖案

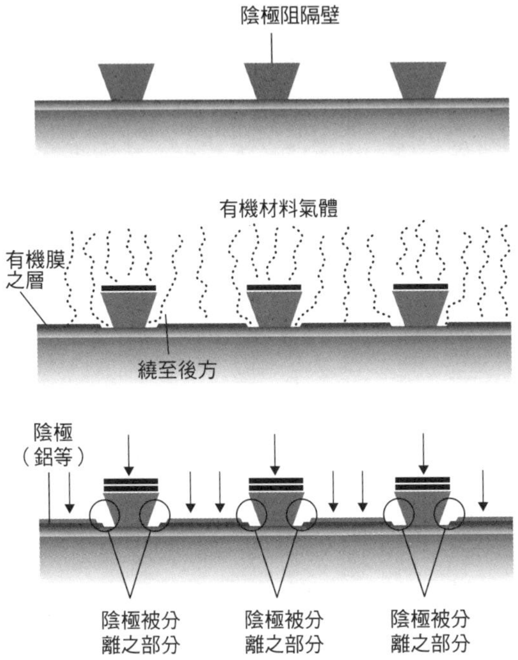

①製作陰極阻隔壁

②蒸鍍有機膜
藉真空蒸鍍方法形成電洞注入層或發光層、電子傳導層等。氣體可流至陰極阻隔壁之裡側並堆積。

③形成陰極
陰極材料為鋁等，其氣體無法繞至後方，結果，可以在無光罩之下形成陰極部分之圖案。

刻法製作出呈逆台階形狀的抗蝕膜，然後在其上方覆上一層有機膜。

在形成條紋狀圖案的ITO膜上方，縱橫垂直交錯的線條上形成逆台階的形狀。將該基板置於眞空蒸鍍機中，在ITO上方形成有機膜。

這裡所指的有機膜爲輕飄飄如粉雪狀落下並沉積而成的薄膜，氣體化的有機物能夠飄入逆台階形狀的內側而形成一層均勻的有機膜層，我們也可以藉由這種方法堆積出若干薄膜層。

若在其上方堆積另一層電極（陰極）時，則由於逆台階形狀的緣故，電極之氣體無法進入內部而被阻斷。

其結果就是，該部分將形成一條細線，也就是無需使用光罩便能夠利用這種方式形成電極。

通常，在ＩＴＯ上堆積有機膜，再被覆上一層遮光罩以蒸鍍鋁等金屬時，只是在開口部分形成鋁膜，但利用上述的方法時，只要事先製妥逆台階形的構造物，便可以在無需使用遮光罩之下，自動地分隔出陰極。

蒸鍍方法係將欲堆積的材料變成氣體狀態以形成薄膜。為易於瞭解起見，前頁之圖中，氣體係自上方飄落逐漸沉積（堆積），但實際的做法則與圖示相反，係類似香菸之煙向上薰一般，由下方向上飄起的方式附著於基板上。

有機物的蒸鍍就類似飄落的片片雪花一般，在蒸鍍機內到處飛落，有機物氣體能夠順利飄入逆台階形的裡側，使全體緩慢堆積形成薄膜。

但鋁等金屬的蒸氣則呈直線飛行，並無法進入逆台階形的裡側，結果便形成被分隔的電極。

城戶 NOTE

陰極阻隔壁的技術係先鋒公司使用日本傑翁公司的感光材料所開發

在有機 EL 的製造上，便可以採用上述這種有機材料與無機材料（陰極）雙方的成膜方法。

以上的方式適用於形成被動式顯示器的陰極，因此被稱爲「陰極阻隔壁」或「肋（rib）」。

6 參觀「成膜工程」現場

◆低分子系的量產系統

截至目前爲止，已大致上介紹了有機ＥＬ的製造工程、各種問題點以及其對應的相關技術，以下不妨實際前往製造現場瞭解製造的流程，參觀低分子系與高分子系雙方的製造概況。

次頁之圖爲低分子系之生產系統例。該製造系統之作業幾乎採全自動方式，在未與大氣接觸之下進行至最終的製品階段（封裝）。觀察其間的流程可知，包括了：

●利用搬運用機械人從基板儲藏室②取出玻璃基板

●進行玻璃基板的前處理作業——電漿洗淨等（③）

●將洗淨之基板在蒸鍍室（圖之④～⑥）中形成注入層、傳輸層、發光層等薄膜

●最後形成金屬電極之薄膜（⑦）

實際之成膜製程（低分子系）

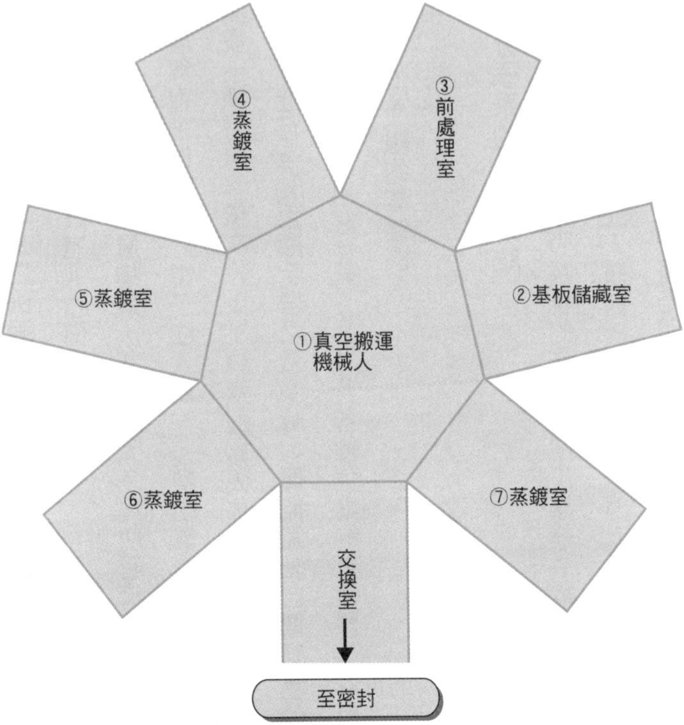

・蒸鍍室之內部

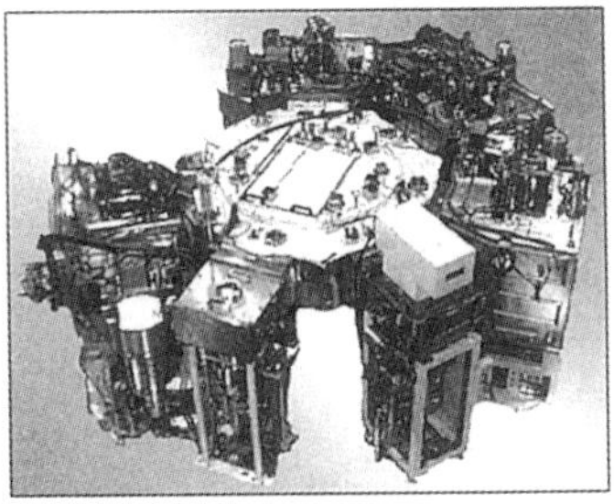

・成膜機

已完成上述「成膜工程」的有機EL基板，經由交換室移至次一工程，也就是「封裝工程」。以上之例適用於少量生產的場合，在量產時，通常備有7～8組如前頁圖所示的蒸鍍室或預備室。

低分子系採取多層構造，基本上大多爲四層構造（電洞注入層／電洞傳輸層／發光層與電子傳輸層／電子注入層）。多組眞空蒸鍍機並列，每一組眞空蒸鍍機持續蒸發一種材料。依次將ITO基板移入蒸鍍機中，使形成一層層的薄膜。若擬以一生產線進行全彩色顯示器之量產時，便需備有自電洞傳輸層乃至電子注入層總共4層，以及分別用來塗布RGB各種色素的蒸鍍機，若再加上備份機器，全部將並排7～8組的蒸鍍機。

◆高分子系的量產系統

次頁之圖爲高分子系統的作業圖例。高分子系（polymer系）原爲單層構造，近年來則增加電洞注入層而形成2層構造，該圖即表示此種結構。首先進行電洞注入層的塗布作業，接著是印刷發光層（R層／G層／B層）的彩色色素，皆採用噴墨方式（例）。

城戶 NOTE

7～8組的蒸鍍機並列：量產機的場合多個蒸鍍機並列，為說明方便，前頁圖中僅顯示4個蒸鍍室。

實際之製造工程（高分子系）

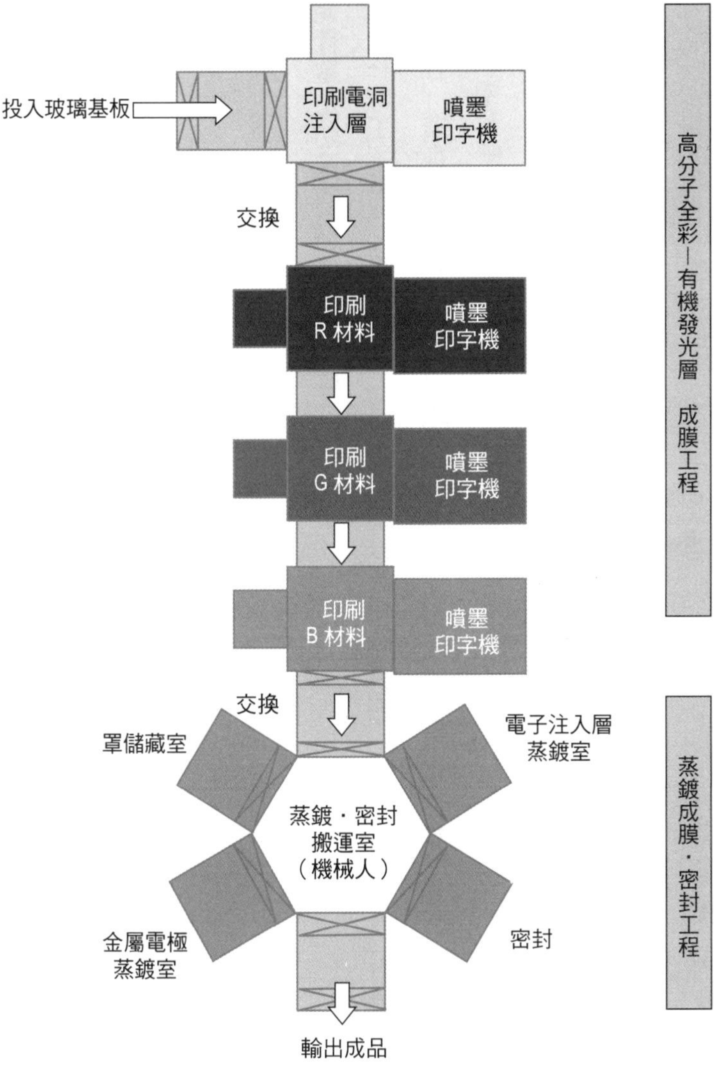
投入玻璃基板
印刷電洞
注入層
噴墨
印字機
交換
印刷
R 材料
噴墨
印字機
印刷
G 材料
噴墨
印字機
印刷
B 材料
噴墨
印字機
交換
罩儲藏室
電子注入層
蒸鍍室
蒸鍍・密封
搬運室
（機械人）
金屬電極
蒸鍍室
密封
輸出成品
高分子全彩—有機發光層 成膜工程
蒸鍍成膜・密封工程

7 參觀「密封工程」現場

◆元件罩上防護衣以抗濕氣入侵

最終的工程為「密封工程」。成膜工程以及相關之加工作業皆已完成的有機EL元件，若與大氣接觸，則大氣中的水分將導致電極部分氧化。為防止起見，必須將之「密封」。

密封作業較為單純，將元件封入玻璃或金屬容器中。玻璃與元件的接合部使用接著劑接著，該部分為最棘手之處。實際上接著劑也由高分子所製造，以顯微鏡加以觀看即可知曉，其緻密度頗為粗糙，氣體容易進出。雖然玻璃的密封部分能夠阻絕空氣，但接著部分則無法確保安全，濕氣仍能夠自接著劑的間隙進入內部，因此必須設法將濕氣予以捕捉。

城戶 NOTE

接著劑亦為高分子：高分子如同軟糊糊的義大利麵一般，其間存在著許多間隙。

吸氣劑：氧化鈣或氧化鋇等會與水進行反應而成氫氧化物，吸氣劑即是使用其能夠吸收水的特性。

具體的做法可以在密封容器之蓋中附上名爲「吸氣劑」（Getter）的一種乾燥劑，用以捕獲進入其中的濕氣，如此便可以確保長時間不使濕氣入侵電極，而能夠維持於穩定狀態。

◆密封系統

次頁爲密封系統的示意圖，下圖爲其流程。該圖係以低分子系爲例，實際上，第107頁中成膜工程完成後的製品便被輸送至本工程。

●首先，搬運用的機械人將已完成形成薄膜工程的玻璃基板搬運至檢查室（⑩）中，在此進行有機EL的功能檢查作業。

●檢查後，利用密封帽進行UV密封（⑪）。

至此便已完成密封作業。並非僅是UV密封而已，作業時必須正確地控制露點溫度以及填充的氮氣等。在一層基板上形成多數已被密封的有機EL元件之後，若再追加驅動用的IC，便完成一片顯示板。

在半導體產業中，只是切割晶片一種作業便足以形成其中的一項行業，但有機EL的場合，則無須備有這種特殊的機械，只要使用鑽石切割刀便可簡單地加以切割。

城戶 NOTE

驅動 IC：有機 EL 電極的驅動分為 2 種方式，即被動式與主動式（TFT 型）。在被動式中，最末階段的工程係將驅動 IC 配置於基板上；而主動式的場合則是在最初的工程階段將驅動 IC 置於基板上，這裡的說明係以被動式為例。詳細情況參閱第 3 章。

密封容器之構造

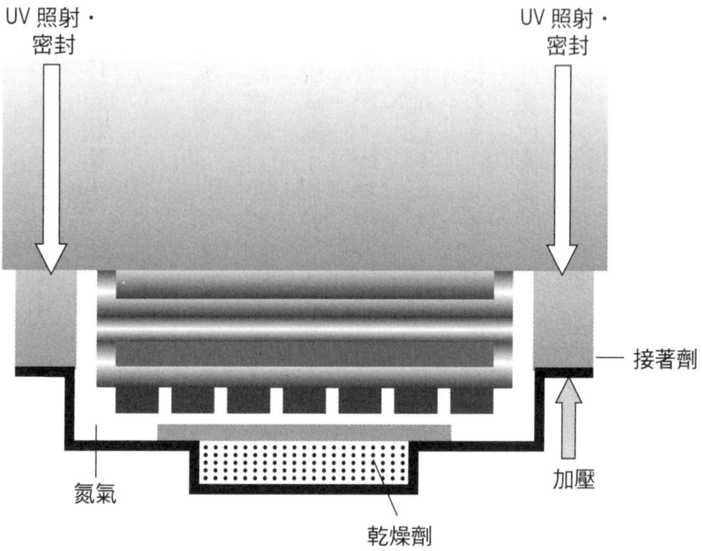

實際的密封工程

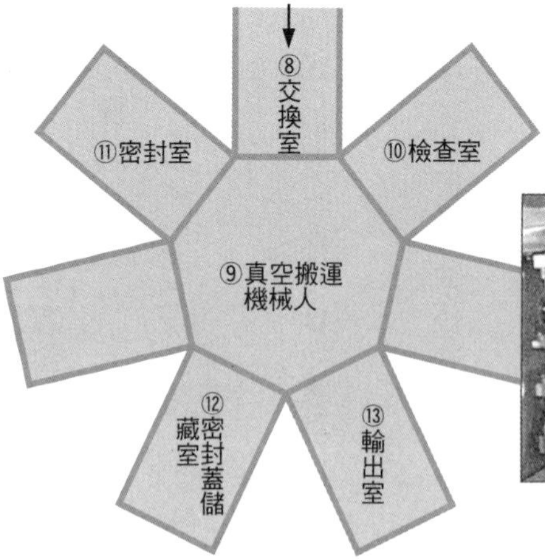

密封室的內部

8 脫離密封容器而採用「密封膜」

◆平面的密封方式

在希望使有機ＥＬ顯示板呈極薄的形狀，也希望利用薄薄的塑膠基板實現電子紙（第 4 章）時，則密封容器的厚度便將造成困擾。有機膜部分的 4 層薄膜總計也只不過是一百～二百奈米左右的厚度，電極或基板的厚度也相當地薄，假如最終的密封容器厚度大，便無疑將使達成極薄的目標變成夢幻泡影。因此必須儘可能去除這種容器，而採行平面形狀。前面介紹的密封容器是否可能製成所謂「密封膜」這種極膜的薄膜？科學人員也正盡全力研發之中，現在已有金屬氧化物或氮氧化物的薄膜爲第一種候選品種，這種薄膜可以想像爲極薄的玻璃膜，由於玻璃或陶瓷對空氣有良好的阻絕能力，若製成薄膜被覆於有機ＥＬ元件之上，便可以抵抗濕氣

城戶 NOTE

100～200 奈米（nm）：一般多使用 1000Å（$=10^{-9}$cm）之單位。若以 nm（10^{-9}m）表示時，【100nm】、0.0001mm（micron 時為 0.1μ）的厚度約為 4 層薄膜的厚度。

「密封膜」的成膜工程

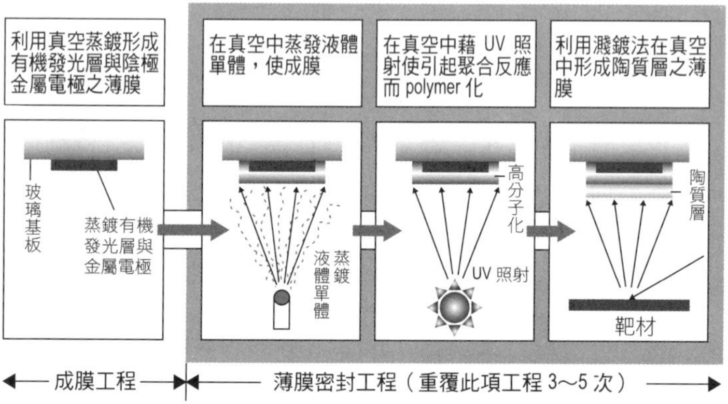

薄膜密封方法

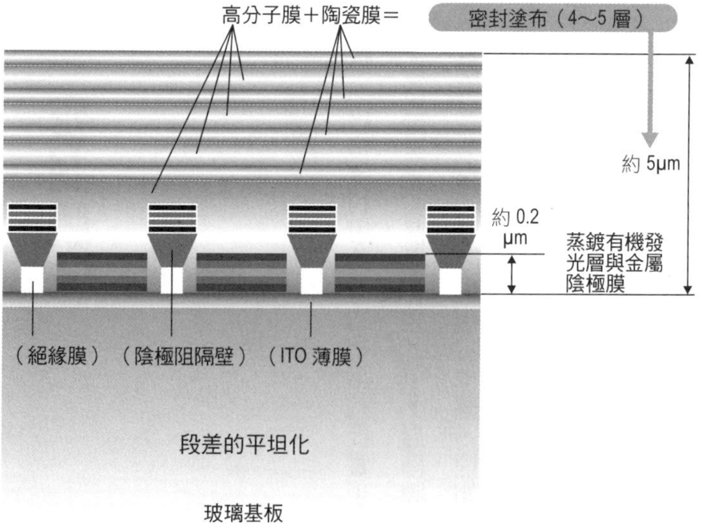

城戶 NOTE

也有利用已付加密封膜的塑膠薄膜作密封之用。這時，基板使用薄膜基板，元件便疊於其上方

的入侵。

只是這種薄膜的製造極為困難，若製作於堅固的無機膜上方時，雖然可以使用濺鍍方式，但在柔軟有如皮膚的有機 EL 元件上便必須具備柔軟的性質。在使用相同的材料之下，除了濺鍍法之外，CVD 法也是被考量的方法之一，CVD 法與加熱蒸鍍相同，就如同「雪花飄飄緩慢堆積」一般，能夠形成相當柔軟的薄膜——雖然使用相同的材料並形成相同的薄膜，但根據不同質料的基板而採行不同的薄膜密封方式，這也是有機 EL 的特徵之一，不過，採行 CVD 法時，所耗的時間將較長。

◆薄膜密封的製程

前頁為使用密封膜進行密封的薄膜密封工程，實際上，作為最終的防護膜，僅以一層氧化膜作為保護尚嫌不足，因此，利用數層成對的高分子膜與氧化物膜被覆成膜，藉以提高密封效果，這種方法為美國派得士公司所提出之方法，日本國內裝置製造廠家中的特技公司則與其共同合作研發這種密封裝置。

在上述之例中，4 層有機膜的厚度為〇．二μ，但保護膜全部的厚度約達

城戶 NOTE

實際上密封膜係製作於鋁電極上方，但濺鍍法的場合由於加熱，產生的電漿可能導致元件劣化。

5μ，遠較實際有機膜的厚度為大。其實對人眼而言，5μ的厚度已接近0的厚度，而基板的厚度便幾乎為全體的厚度。

現在，有機EL電視的厚度為一・四毫米，若不加上密封時，則厚度僅約1毫米而已！

第3章

顯示器之技術與市場

1 依驅動方法可以分爲 2 種

◆三原色並置以實現全彩色

基本上，使有機 EL 輸出全彩色的架構，與彩色電視、液晶等的彩色輸出方式並無不同。

①首先，在基板上並列配置 RGB 三原色的子畫素（Sub pixel）。

②依照三原色的輸出方式，利用混色法以造成各種顏色。

這種彩色的輸出方法稱爲並置法。如次頁圖所示的方式，將 RGB 色素緊密配置，而這種配置方式稱爲「橫置法」；與之對應的的「縱置法」則係將 RGB 畫素重疊爲一個畫素，使發出各種不同光色的方法，但一般並未使用這種方式。而分別將 RGB 的子畫素予以組合使成爲一個畫素（1pixel）。

城戶 NOTE

RGB：光之 3 原色，「紅（Red）、綠（Green）、藍（Blue）」，由這些顏色的分配與組合，可以造出所有的顏色。3 原色予以混合之後可得「白」色。另外，「藍、紅、黃」為繪畫中的 3 原色。

RGB 色素的並置方法

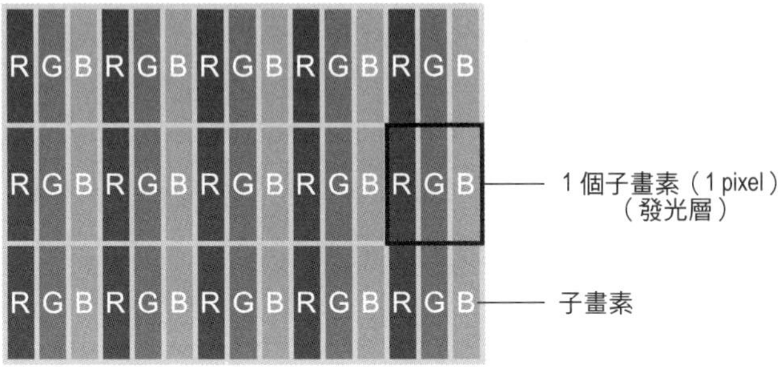

顧名思義，並置法係依順序將超微細的RGB子畫素予以並列配置，對人眼而言，在無法分辨子畫素之距離下觀看時，3個子畫素所發出的光就如同1個子畫輸出黃或紫色光一般。

使上述子畫素的發光方法可以分爲被動矩陣法（passive matrix）與主動矩陣法（active matrix）2種。在製作有機EL全彩色的顯示器時，當然也可以分爲2種類，隨著被動式或主動式的不同，電極部份（陽極／陰極）的製作方式也不同。

◆被動式的結構——使縱・橫的交點導通

被動矩陣法爲2種電極（陽極／陰極）縱橫交叉配置，選擇其中的交點並使發光，藉以顯示文字或圖形的方法。其特徵爲結構簡單，製造之裝置價廉。在液晶的場合，一般多使用「STN液晶、TFT液晶」之名詞，但正確的分類應該是：

●STN 液晶→被動式（被動矩陣方式）

●TFT 液晶→主動式（主動矩陣方式）

但這只是代表之例，其實被動式並非僅只是 STN 型而已，仍有其他類型；而主動式也並非僅是 TFT 而已。

有機EL也與液晶相同，具有「被動式與主動式」的區別。但讀者不宜有「有機EL與液晶相同，被動式＝STN 屬於較低之階級」這種先入爲主的觀念，原因在於有機 EL 並不完全與液晶相同的緣故。另外，雖然應儘量使用「被動式或主動式」之詞，但有時爲說明方便起見，書中也可能使用「TFT」之詞。即使在這種情況之下，讀者也應了解在這個時候指得是「主動式」。

以下先就被動式加以介紹。今天假若欲使 A 點與 B 點發光，被動式的有機EL中，實際的動作係依序掃描，也就是如次圖所示，自上方依序先使A點發光，然後使B 點發光。

其原理與電視的掃描線相同，其間存在著時間差（時間分割），以較高的亮度使一條線發光，在次一瞬間使第 2 條線發光，…依此類推，利用人眼的視覺暫留

被動式的構造（電極）

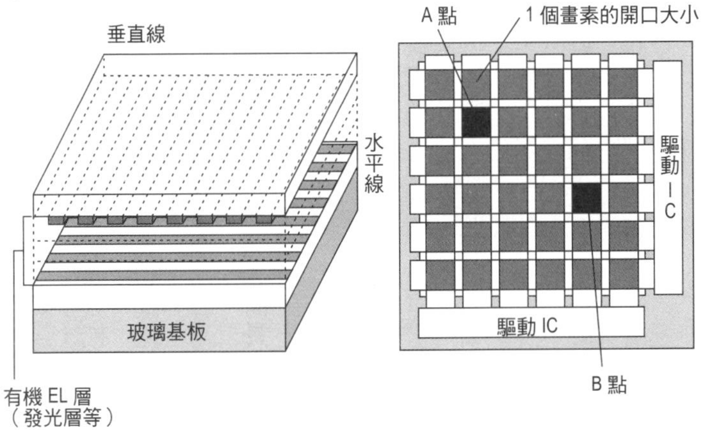

現象使之看出文字或圖像，這便是被動式的發光結構。

假設希望顯示器的亮度爲一〇〇燭光，而以現在四八〇條掃描線的場合，瞬間的必要亮度爲一〇〇×四八〇燭光＝四萬八千燭光，也就是需要瞬間發出 5 萬燭光的亮度。由於人眼對這種亮度能夠自動的加以平均，感覺上整個畫面全體的亮度爲一〇〇燭光，由於瞬間的亮度極高，因此必須有相當高電壓的電源。

被動式的優點爲構造單純，因此顯示器的製造成本較低。

至於其缺點則如上所述，由於瞬間亮度極高，消耗電力相當大；另一點則爲以大電流驅動，因此其壽命較短。

城戶 NOTE

燭光（**Cd**）：正確的說法應該是每平方公尺的燭光（Cd/m^2），也稱為 Nit。

即使存在著這些缺點，由於具有構造極簡單的特徵，因此現今已商品化的有機EL顯示器成品仍然以被動式爲主，使用有機EL的行動電話顯示面板，或汽車音響的顯示面板也全部屬於被動式。

另外，液晶中，被動式通常被認爲是「價廉質劣」的機種，由於畫質低劣，以至於當STN液晶之製造容易且成本低，TFT液晶（主動式）已能夠量產之後，便立即取而代之。其間之消長也許讀者仍記憶猶新。

雖然被動式的有機EL與液晶有相同的構造，但就發光體之美而言，兩者可謂完全不同（在畫質上有機EL與液晶決然不同），即使是被動式的有機EL，其畫質之美已遠超過主動式（TFT）液晶，被動式液晶（STN）就更不在話下。即使是被動式的有機EL，在畫質方面，對於看慣液晶的人而言，仍然會訝異於其美麗的光色。

因此，有機EL並不能如液晶一般，單純以「被動式→主動式」之演變來論斷。相信2種類型可由成本或用途加以區分，而被動式在市場上仍占一席之地。

城戶 NOTE

TFT ＝ Thin Film Transistor 的簡寫，譯為「薄膜電晶體」。個別的畫素附加一只「TFT」，藉由這種構造可使指定的畫素點燈或消燈。

主動式的構造（電極）

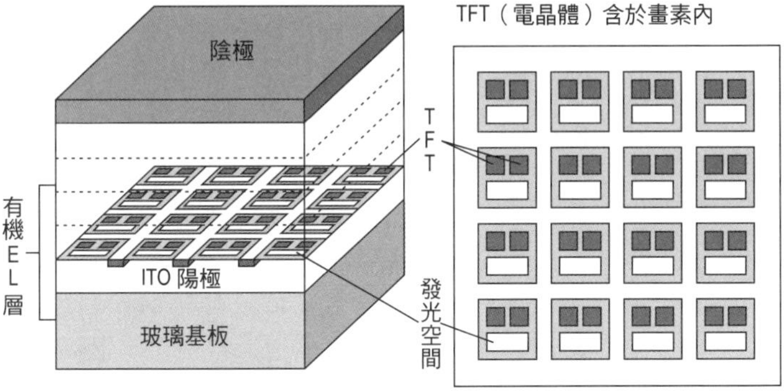

◆主動式的結構——各畫素能夠各別變化

被動式係點亮縱、橫掃描線均呈ＯＮ狀態時的交點（畫素）；但主動式的場合，個別的發光元件（相當於被動式中的交點）皆附加作爲開關用的電晶體（ＴＦＴ）。並未必是１個畫素附加１個ＴＦＴ，也有附加２～３個電晶體之例。藉電晶體以控制發光的亮度，而發光所需的電流則由電容器所提供。

因此，主動式並不同於被動式那種依序瞬間使每一條線發光的方式，而是處於ＯＮ狀態下的發光畫素持續呈ＯＮ。因此，在一〇〇燭光亮度的場合，需要電壓遠較被動式者爲低，電力消耗低，故可獲得較高效率，畫素壽命也較長。

但由於各發光元件需獨立製作ＴＦＴ，因此製造成本高，其間的情況與液晶的場合相同。

城戶 NOTE

電容器（Capacitor）：能夠儲存電荷的元件。

◆材料與液晶不同——何以使用「低溫多晶矽」？

有機ＥＬ爲「電流驅動」、而液晶則爲「電壓驅動」方式，其間的差別與選擇ＴＦＴ中使用的材料有關。在矽系列的材料中，代表的爲①單晶矽（Mono Silicon）、②多晶矽（poly Si）、③非晶矽等三種，在各產業中的應用情況如下：

半導體產業→①單晶矽

液晶產業→②多晶矽、③非晶矽

有機ＥＬ產業→②多晶矽（③非晶矽）

雖然有機ＥＬ與液晶被認爲比較類似，但迄今爲止，非晶矽之所以未被使用於有機ＥＬ上，其原因在於非晶矽的載體移動度較低，與多晶矽相較之下，能夠流通的電流較低，不易獲得所需的亮度。不過，若能夠設法增加非晶矽ＴＦＴ的通道寬度，使通過較大的電流，或發光元件使用磷光材料，能夠以低電流驅動時，則非晶矽ＴＦＴ也能夠用來作有機ＥＬ的驅動用。

另外，多晶矽之中，又可分爲

①低溫多晶矽

②高溫多晶矽

城戶 NOTE

非晶矽 amorphous silicon：今已有人開始研究使用非晶矽於有機 EL 中。小型～中型使用低溫多晶矽，而中型～大型則使用非晶型矽（預測）。

2種。無論是液晶或有機EL，實際上使用的皆爲低溫多晶矽。「低溫、高溫」的差別僅在於製造時的溫度不同，不過，即使是低溫多晶矽，處理時的溫度也高達六〇〇～七〇〇℃（高溫多晶矽則在一〇〇〇℃以上）左右。

純就「載體的移動度」而言，雖以高溫多晶矽的一方較具優勢，但低溫多晶矽卻可以使用普通的平價玻璃，而高溫多晶矽則必須使用耐一〇〇〇℃以上的材料（例如使用高價的石英玻璃）。在實際的使用上，低溫多晶矽的移動度已能夠滿足需求，因此從成本面以及製造的容易度而言，仍以使用低溫多晶矽爲宜。

◆主動式較被動式便宜?

在有機EL世界中，被動式與主動式兩者之間的關係似乎與液晶稍有不同。

在液晶的世界裡，存在著STN液晶（被動式）與TFT液晶（主動式）的分別，STN僅使用於廉價產品，在國內的生產量亦少。以往曾因TFT的價格較高而使STN液晶（被動式）之產品先推出問世，之後，隨著TFT液晶（主動式）進入量產且價位降低，同時由於畫質明顯的差異，遂使STN液晶日趨沒落。

被動式與主動式的比較

驅動方式	非常時點燈（duty 驅動）	常時點燈（static 驅動）
消耗電力	✕（大） 100 燭光的場合，若垂直線為 200 條，便需 100×200 ＝ 20,000 燭光	○（小） 與線條數無關，在 100 燭光的場合，只需 100 燭光即可
驅動 IC 與表示面積	驅動 IC 附於外部，發光元件大	驅動 IC 含於面板內，因此發光元件小，為其主要的缺點
成本	製程簡單，面板的成本低	製程複雜，但全體一併製作時，成本有可能低於被動式

在成本上，兩者的差別在於外加的驅動ＩＣ以及ＴＦＴ（電晶體）之組合上的不同。

在顯示器的構造上，被動式與主動式存在著相當大的差異。首先，在被動式的場合，驅動顯示器用的「驅動用ＩＣ」係附加於外部，在現階段之下，該ＩＣ的價位相當高，幾乎占顯示器模組（包含面板之部分與ＩＣ之部分）成本的一半以上。雖然製造縱、橫線結構的作業相當簡單，量產之際，面板的所占的成本並不高，但由於外加的驅動ＩＣ價格居高不下，導致模組全體的價格無法降低，這就是被動式的困難點。ＩＣ與電極間的連接作業，也就是實際裝配時需要的手續較繁瑣，不易獲得高精細化，這也成爲被動式的另一個問題點。

反之，ＴＦＴ型（主動式）的場合，每個發光元件必須附加約２個ＴＦＴ，成本因而提高，在有機ＥＬ的場合，事實上能夠採行較佳的方案以降低成本。例如使用前述的低溫多晶矽，將高價的驅動用ＩＣ全部製作於基板上，如此便可以減少驅動用ＩＣ的部分製作成本；另外，可以減少與外部間的連接或配線數，非僅實現小型高精細顯示器的模組，實際的裝配作業也較爲簡單。

若能夠降低低溫多晶矽基板部分的價格時，主動式有機ＥＬ的價格便有可能較被動式者爲低，這種逆轉現象則爲液晶中所無法存在。

就原理上而言，有機ＥＬ與液晶並無不同，當然，液晶的研究者也曾嘗試利用低溫多晶矽將全部的驅動ＩＣ製作於ＴＦＴ型之顯示器中。但如前面說明，由於非晶矽的價位相當地低，導致液晶顯示器不易朝低溫多晶矽方向發展。

由於非晶矽ＴＦＴ的電流較低，因此在有機ＥＬ的場合，低溫多晶矽自始便爲各方所關注，甚至於發生在液晶中根本不存在的「主動式與被動式之價格逆轉」現象。尤其是低溫多晶矽ＴＦＴ製造廠逐漸增加，威信其基板價格將日趨便宜。

◆ＴＦＴ的植入技術已大有進展

現今，被動式顯示器的有機ＥＬ商品已先行被推出問世。但如上所述，無論是性能或價格等各方面，尤其是在全彩色的顯示器上，主動式顯示器可能更具優勢，這一趨勢則相當令人感興趣。

實際上，將使用於有機EL的TFT製作於基板上的技術正逐步進展之中。三洋電機岐阜工廠、東北先鋒公司與半導體能源研究所合併的EL顯示器公司，已著手進行將TFT植入有機EL中的作業；東芝公司仍然投注於液晶的製造，但已開始量產低溫多晶矽TFT基板。由於製造液晶的設備能夠簡單地轉移作爲有機EL的生產用，因此，有機EL用的低溫多晶矽基板可以說已完成量產體制的整備工作，SONY公司也已開始進行試製。

不過，對於慣用液晶的人而言，「被動式（STN液晶）」雖然便宜，但畫質不佳；主動式（TFT液晶）看起來雖美，但價位偏高」的觀念已然深植於心。

確實，在液晶的場合，被動式與主動式兩者的畫質存在著相當大差異，但有機EL的場合，被動式或能動式，在畫質上並無差異，兩種形式的畫質皆佳，均較TFT液晶更美麗，這便是自發光型（有機EL）與背光型（液晶）的主要差別，而能夠編織出亮麗的畫面則是有機EL傲人的主要特徵。

2 電視採用Top Emission型

◆主動式（TFT）的發光面積趨於狹小

在主動式中，將TFT與電極一併製作在一起（複合化）時，雖然具有如前所述的長處，但卻存在著若干問題點。最大的問題在於「發光部分的比率（發光面積率）將隨之縮小」。

被動式的場合，能夠獲得較寬的發光空間。只要將電壓加於陰極與陽極的交點上，在需要藍色時，使藍色的畫素發光即可。一般而言，在被動式中，發光面積可以達到畫素的8成左右空間，而驅動用之IC則附於外部，對於個別的畫素並不造成影響。

反之，主動式（TFT型）的場合則非如此。與被動式者不同，由於每個畫素必須附加TFT（電晶體）、電容器等電路，實際上的發光空間被削減而變小，結

城戶 NOTE

畫素發光面積之比例在此稱為「發光面積率」。相當於液晶顯示器中的「開口率」。

果，發光部的面積僅能達到20~30%而已。

如此一來便將造成困擾。現在假設需要的平均面亮度爲一〇〇燭光，若發光部分的比率僅爲20%時，便必須有5倍也就是五〇〇燭光的亮度。若在小面積中無法發出五〇〇燭光的亮度時，發光部便無法獲得平均的一〇〇燭光亮度。

當然，發光部的面積與TFT的使用個數有關，使用的TFT數愈多，發光部的比率將更小。雖然存在著這種缺點，但TFT能夠獲得穩定的亮度，各公司正分別埋首於電路部分的設計，藉由這些努力咸信最大的發光面積可達40%左右。

◆Top Emission——反方向的概念

既然遭遇到問題便得思考其解決對策。實際上考量的方法頗爲巧妙，爲設法使光朝向相反側發出的方法，也就是所謂的「頂部發光（Top Emission）」法。

將發光元件配置於TFT的上方，使發出光的方向與基板相反時，便可增加發光面積。由於發光面積率增加，便無需有太高的亮度，也可以使用較低的電壓，電流較小，因而壽命較長。在這種方式之下，基板側的電極爲金屬電極，而上部的電極則爲透明的電極。

頂部發光與底部發光

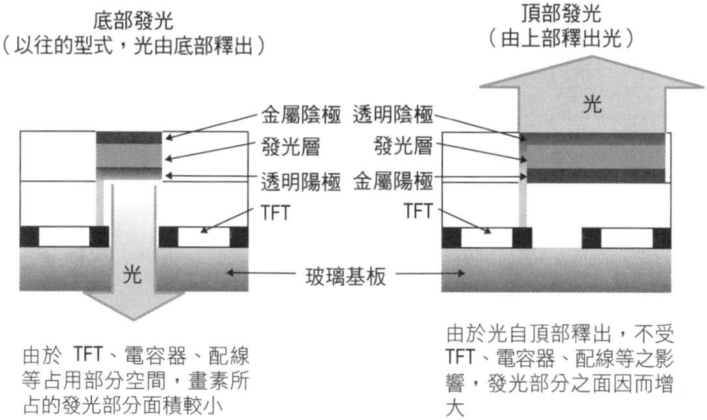

由於光係自上方發出，故稱爲頂部發光或Up發光，而以往自下側發光的方式則稱爲底部發光或Down發光。兩者的差別僅在於光自頂部發出或底部發出的不同而已。採行頂部發光時，光從與TFT陽極相反的方向發出，即使TFT等占去基板的大部分面積，亦無損於「發光的面積率」。

另外，在頂部發光的場合，由於下方的電極側（陽極）並無需發光，因此基板並未必須使用透明基板，也可以使用薄不鏽鋼板。反之，上方的陰極側則需爲透明層（透明電極），因此被覆一層ITO之透明薄膜。當然，僅是ITO並無法具備陰極功能，因此在ITO與有機膜之間附加一層作爲陰極的鋰等金屬薄膜作爲介面。

城戶 NOTE

若陰極與陽極皆使用 ITO 等透明電極時，便成為透明的元件。

3 全彩色的結構

◆區域彩色與全彩色

在有機ＥＬ中經常看見「區域彩色」一詞，意即所顯示的畫面中某部分顏色不同。也就是視區域之位置，發出不同的色彩，並非各畫素皆能夠改變顏色。例如行動電話的子監視畫面一般，在顯示部分中的狹小領域、或汽車用顯示器、飛機中的嚮導指示等希望使顯示之文字或圖形更加引人注目的場合，與其使用全彩色，有時倒不如使用區域彩色較能夠獲得預期的效果。

在低分子系的場合，製作區域彩色顯示器時，製程中可採用遮光罩法塗布色素材料，僅在必要的部分從光罩的開口部進行蒸鍍。與分開塗布ＲＧＢ之三原色（全彩色）的方式相較之下，區域彩色的製造並不要求較精緻的加工，稍嫌粗糙也無妨。

雖仍有區域彩色的需求，但現在有機ＥＬ開發的核心則爲**全彩色**。即使是全彩色，使用方法依然爲遮光罩法（低分子系的場合），一面移動開窗光罩，一面分開塗布ＲＧＢ材料，此方法仍是現今採行的主要方式，因此以下擬針對該方法加以介紹。

◆3 色發光法——全彩色的技術①

欲實現全彩色的有機ＥＬ時，大致上有下述的三種方法。

第一爲**三色發光法**。其原理相當簡單，發光層使用ＲＧＢ的三種有機材料，分開塗布配置（並置法）。在這種狀態之下發揮全體ＲＧＢ發光材料的性能。此時，若ＲＧＢ三原色的發光材料有壽命的差別，則顯示器全體的效率將爲壽命較短的材料所支配，這時所呈現的情況爲壽命降低或在使用期間造成顏色的斑點。以往一般認爲有機ＥＬ中「紅色材料的壽命較成問題」，但該問題今已被克服。

不過，採行遮光罩法分開塗布ＲＧＢ材料時，全體光罩將由於受熱而引起熱膨脹問題，其控制頗爲困難。暫不論區域彩色顯示器，在製作高精細的全彩色顯示器時，確實是相當大的問題。

爲彌補這種三原色發光法的弱點，現在已開發出新方法且近年來備受注目。也就是「濾光器法（白色法）」與「色變換法」。當然，採用這兩種方法時便無需使用遮光罩，精細度也可大幅提高。

◆濾光法（白色法）——全彩色的技術②

濾光器法（白色法）的原理爲發光層部分塗滿發出白色光的材料（白色EL），產生的白色光利用液晶顯示器等所使用的彩色濾光器，將光分爲RGB彩色光的方法（次頁之圖②）。在液晶的場合，背面光爲白色光，利用RGB的彩色濾光器實現RGB之全彩色，兩者的原理相同。這種方法無需分別塗布RGB三色光材料的繁瑣作業，製作也較容易，能夠滿足今後高精細度的要求，在開發白色光有機EL之際，筆者等人便已提出相同的構想。

其製作方法係先在玻璃基板（在尚未塗布ITO電極狀態下）上並置一層RGB彩色濾光器層。在彩色濾光器層上方，附上ITO電極層與有機EL的白色EL層（發光層）。如此一來，由發光層所發出的白色光透過彩色濾光器後，便可以變爲綠或藍、紅色，使顏色產生變化。也就是僅使用白色光譜中之一部分。

全彩色的一般方法

① 3 色發光法——原理簡單，但不易塗布高精細度之 RGB 材料

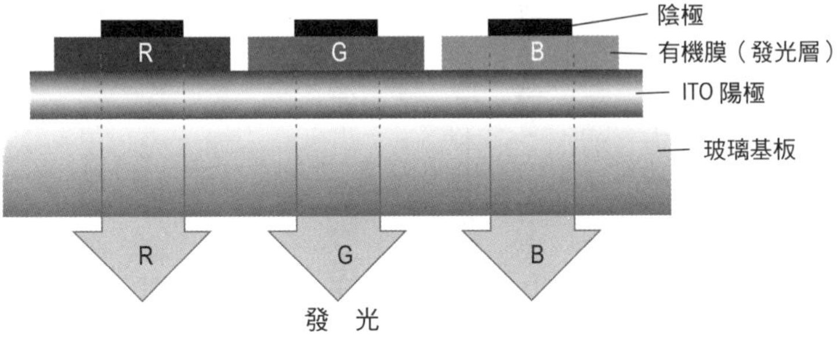

②白色法（濾光器法）—— 製作容易，雖也可以大面積化，但光量將成為 1/3

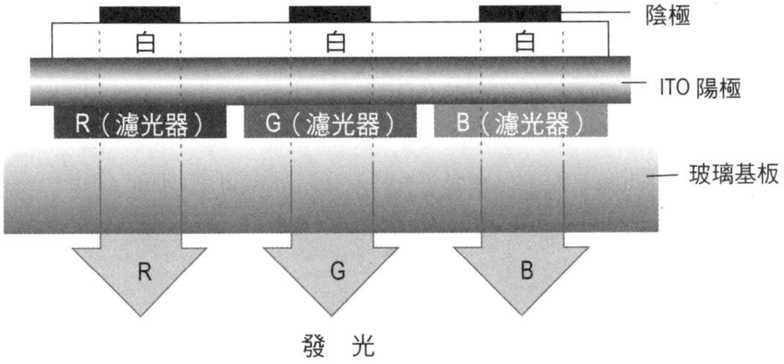

③色變換法（藍色 EL 法）—— 雖製作容易但變換效率低

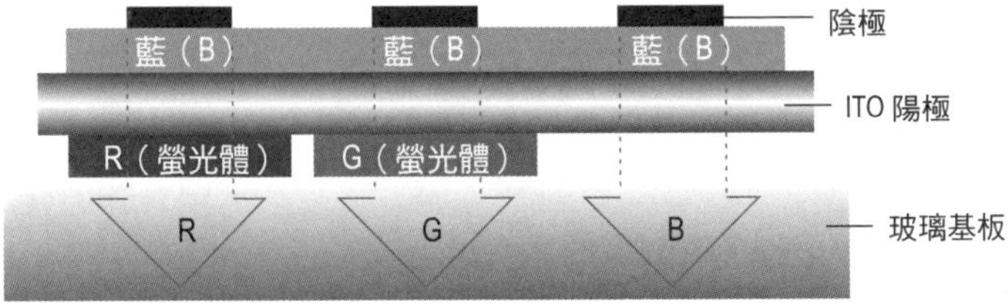

使用這種方法時，構造較爲簡單，由於在有機ＥＬ的發光層上並無需形成ＲＧＢ的圖案，因此無需考量遮光罩因熱膨脹而造成偏差的問題。另外，對於元件也具有保護作用的優點，避免遭受來自外部光線的干擾等。其最大的缺點爲濾光器將吸收部分的光（可達１／３的光量），效率因而減低。因此，濾光器法（白色法）雖然後勢看好，但仍存在著如何開發高效率白色光ＥＬ的課題。

◆色變換法——全彩色的技術③

與濾光法（白色法）相近的方法中，尚有另一種色變換法（前頁之圖③）存在。這種方法爲日本出光興業公司所發展的方法。其中

●發光層：「白色ＥＬ→藍色ＥＬ」

●色變換層：「彩色濾光器→螢光膜」

使用這種方法時，由於發光層全面先行塗布一種藍色光材料，因此與濾光法相同，並無需採用遮光罩法形成圖案的作業。

何以發光層使用藍色光ＥＬ？其原因爲若使用藍色光時，利用激勵能量的差可以輸出各種顏色的光。在希望獲得綠色光時，只需利用藍色的光激勵綠色的螢光膜

城戸 NOTE

利用色變換法完成的彩色顯示器：由出光興業（色變換材料）、大日本印刷（色變換基板）、富士電機（顯示器）3 公司共同研發。

即可發出綠色光；紅色光亦同，只要激勵紅色螢光膜便可以發出紅色光。在原理上，若希望輸出藍色光時，只需使用原來所發出的藍色光即可，圖中之所以不加上藍色螢光膜其原因便在此。如此一來，發光層只需全面塗布藍色的一種材料，即可獲得所需要的藍、綠、紅色光，也就是利用藍色EL便可織出RGB的所有顏色。不過，實際上，由於螢光膜受到外來的光所激勵，對比勢將因而下降，因此有必要在基板與螢光膜之間插入彩色濾光器，同時由於螢光膜發出的光並無指向性，將引起光在橫方向的損耗並降低色變換效率，與白色彩色濾光法相較之下，並未見有特別的長處，反而在考量基板的成本之後，白色濾光法似乎更容易達成實用化。

如上所述，雖然有機EL的全彩色化有多種不同方法，將使有機EL得以進入電視（NTSC方式）的領域。但在全彩色的技術上，尚存在著待發展的空間。

◆光脫色法——最簡便的全彩色技術

如前述，全彩色化的方法各有優劣點，也伴隨若干待解決的問題。而筆者所考量的另一方法係應用有機材料之色素，在有氧氣存在的大氣中照射光時將引起劣化現象的反方向應用，也就是「光脫色法」。採此方法或許能實現上述的全彩色化。

易於全彩色化的光脫色法

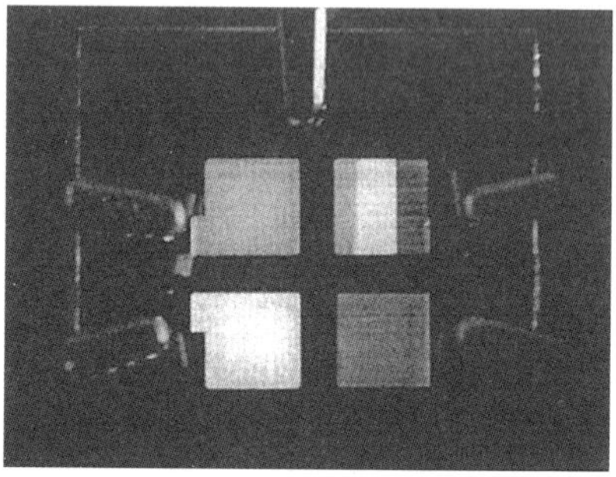

（左上之正方形）Rubrene 濃度高
（右下之正方形）Rubrene 濃度低
（左下之正方形）Rubrene 濃度減少之處
（右上的 3 色） 將以上的 3 種畫素合而為 1 的情形

光脫色 RGB

例如，可以在有機ＥＬ中使用一種能夠發出黃色光，名爲 Rubrene 的螢光色素作爲「**摻雜色素**」之用，若在發光層中添加微量這種材料（色素摻雜）時，便可以獲得高亮度化、高效率化以及使元件長壽命化。但已知這種 Rubrene 在有氧氣存在的大氣中照射光時，將引起光氧化現象而喪失其螢光性。

筆者曾嘗試利用這種劣化機制的反方向應用，製作高分子系（polymer 系）的彩色元件。該元件利用旋轉塗布法成膜，改變部分膜面的照光時間，使高分子膜接受曝光。結果，具有發光性的 Rubrene 濃度將依照射光的時間而異，因此，在同一

城戶 NOTE

摻雜（**dopant**）色素：摻入的微量螢光色素。

片基板上形成能夠發出「藍、白、黃」光的色素。這是由於 Rubrene 濃度隨著光氧化而降低，能量從藍色發光材料移動至 Rubrene 的量徐徐減少的緣故。

- ●Rubrene 濃度高之處：黃色
- ●Rubrene 濃度低之處：藍色
- ●Rubrene 濃度減少之處：白色（黃色＋藍色）

使用這種方法時，可以利用光罩獲得微米階級的微細圖案。上側照片中的黑色部分係由於光氧化的作用使 Rubrene 的發光能力喪失，因而發出綠色光的領域。

另外，在其他色素上也利用此方法時，便可實現RGB化。由此看來，光脫色法或許是迄今爲止所提出的各種全彩技術中最簡便且有效的方法。

現階段之下，業已成功地使用能夠引起光氧化現象的紅或綠色素所製成RGB三原色圖案的元件。

能夠以光罩獲得 micron 層級的微細加工

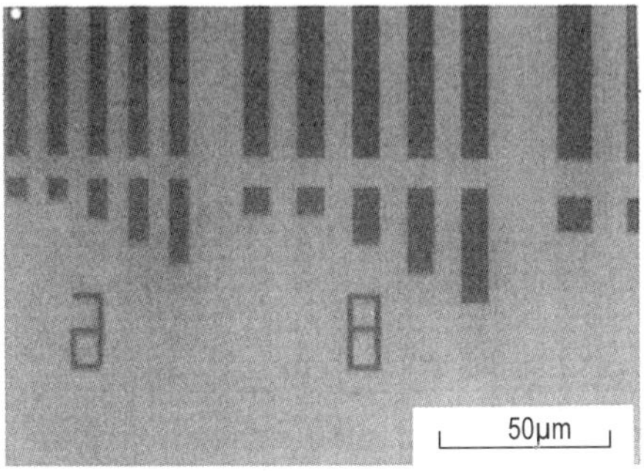

黑色部份係由於光氧化作用，Rubrene（摻雜劑）失去發光作用的情況

城戶 NOTE

光罩與遮光罩不同，能夠使用於微米級的圖案形成作業。

4 顯示器市場上的挑戰

歷史上最初達成商品化的有機EL產品，爲先鋒公司於一九九七年所發表的汽車用FM收音機顯示器，爲綠色單色顯示器。之後則開始推廣至行動電話市場，逐漸地在各種市場上推出使用有機EL的商品。以下不妨探索包括有機EL顯示器在市場上所掀起的風雲。

◆行動用之市場爲首先被鎖定的目標

對於有機EL而言，推出市場前第一個被注目的目標爲「行動用之市場」。先鋒公司最先投入市場的時間爲一九九九年，出品的是一種區域彩色商品。該商品供應Motorola公司作爲行動電話的顯示面板之用。日本則爲富士通公司於二〇〇二年率先使用在DoCoMo系統的子畫面；而主畫面最初則由NEC於二〇〇一年使

城戶 NOTE

三星 NEC Mobil 顯示器（SNMD）公司設於 2001 年 1 月，SNMD 係三星釜山事業所的本社工廠所生產，進行南韓與日本有機 EL 顯示器之研發。

預測顯示器的（世界）市場

（單位：日圓）

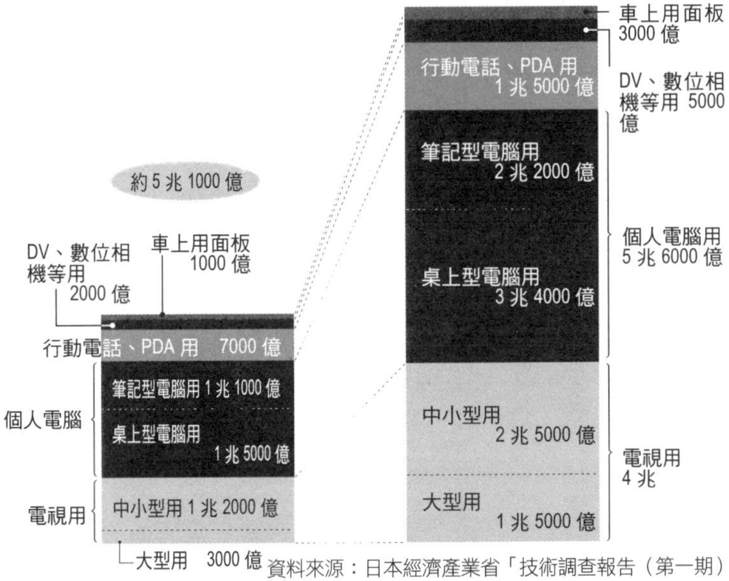

資料來源：日本經濟產業省「技術調查報告（第一期）」

NEC 之行動電話

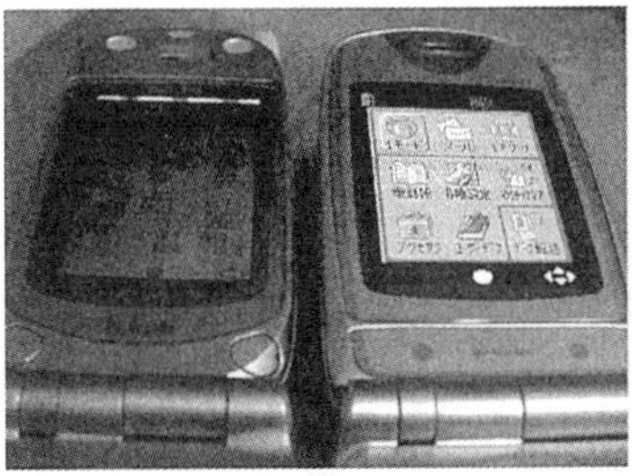

先鋒公司製作之世界最初有機 EL 行動電話

NEC 發表，自 2001 年開始在 FOMA 上使用全彩色的有機 EL（被動式），但這時係屬限量販賣，筆者本人設法獲得該項產品。左上照片之右側為有機 EL 之製品，與左側之液晶製品比較時，視認性的差別便一目瞭然。

用於FOMA上的限量產品。

自二〇〇二年9月開始，三星與NEC的合併企業「三星NEC」行動用顯示器（SNMD），開始在南韓釜山量產被動式的全彩色顯示器，使用於三星行動電話的子畫面上。東北先鋒公司製造的區域彩色顯示器產品則輸至南韓的LG，月產70萬個單元。另外，國內的錸寶科技（Rit Display）公司所生產的單色顯示器則使用於南韓KTF公司的行動電話子顯示面板上。如此，在南韓的行動電話市場上，有機EL的使用數量即驟增。

Motorola、三星等公司已領先在全世界上推出搭載有機EL的行動電話，但在日本方面，這種行動電話的販售在時間上較爲落後，其理由應爲市場的問題，「日本的消費者不喜愛區域彩色，僅對全彩色型感興趣」以及抱持「別的公司不用，自己也不考慮率先使用」這種觀念的緣故。

實際上，使用行動電話作Home Page檢索（必須使用全彩）的人並不多，甚至許多人也不使用行動電話傳送電子郵件。如此一來，認爲「能夠鮮明顯示電話號碼的行動電話反而較容易使用」的使用者應該占有多數，因此主畫面使用區域彩色的製品較不被接受。看來在行動電話市場上，除了子畫面之外，仍以主畫面是否爲全

城戶 NOTE

錸寶科技公司：Rit Display 為新竹科學園區有機 EL 的專業製造廠。為 CD-ROM 製造商錸德公司的子公司。

彩色決定商場上的勝負。

只是，在以全彩色定江山時，有機ＥＬ顯示器的機會便馬上到來。

行動電話之所以成爲被關注的主要目標，第一個原因在於「市場大」。只是日本境內，二〇〇一年度末契約的台數爲六九一二萬台。這僅僅是契約台數的數字而已！與電視、冰箱等不同，相信只要行動電話出現附加價值高的新機種時，使用者便會陸續更換新機種。

有機 EL 行動電話之試作機（三洋電機）

行動電話製造廠現今大多使用液晶顯示器，雖然使用者相當在乎顯示器的畫質，但是，亮度的高低無寧才是判定優劣的指標。在這種情況下，假如某一公司推出一種使用有機ＥＬ的高畫質商品，則搶眼的顯示器，相較於以往的液晶顯示器應具有更大的優勢。對於企業而言，應該是一種極具吸引力的產業，因此已有若干公司在二〇〇三年投入全彩色行動電話行列。

另一項理由爲行動電話市場的風潮。從

二〇〇一年由NTT DoCoMo引燃導火線，FOMA成爲世界標準的次世代行動電話。各種媒體也隨之轉向至次世代的新機種。次世代行動電話最大的特色爲「動畫傳送」。靜止畫面在此暫且不論，在傳送動畫時，響應速度較慢的液晶顯示器，其能力便有所不足。

由於有機EL的動作速度可達到液晶的一千倍。能夠適用於動畫的顯示上，且色彩之美遠遠凌駕於液晶之上，因此，有機EL必然會在行動電話市場上占有相當大的使用量。

◆電視市場——從大型與小型雙方來看

「對於動畫而言，有機EL爲強者，而弱者爲液晶」，這一點使得有機EL在電視市場上也帶來極大的商機。依開發有機EL廠家的不同而有分別採取不同策略的趨勢，如SONY公司一頭便栽入電視產品，聲寶公司最初以液晶囊括了相當大的市場，而SONY則信誓旦旦，發出「在次世代的有機EL電視中，SONY必然獨占鰲頭」的豪語。

與SONY相同，在此所附的照片爲三洋電機跨進有機EL電視圈的有機

城戶 NOTE

60吋：利用噴墨法，若購入60吋顯示器裝置即可製造。但必須先行開發真空蒸鍍裝置，挑戰性大。

EL電視。由於無須附加液晶中必須使用的背面光線，因此無論是10吋或40吋，電視的厚度完全一樣。

現在，有機EL應用於電視市場上的態勢為：強力進攻介於「60吋的大型電視」與「5吋或10吋之小型電視」之間的中庸產品，也就是先朝中型尺寸跨出步伐。至於60吋以上的超大型顯示器為有機EL國家發展計畫中所主導，現在已決定其方式為「被動式，製造方法為低分子系的真空蒸鍍方法」，這我們將在後面說明。

有機 EL 的無線 TV（三洋電機）

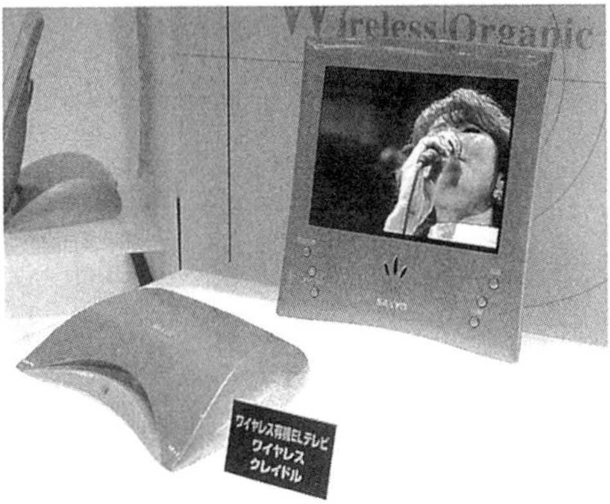

與液晶最大的不同是，被動式有機EL電視，在畫質方面並不遜於主動式有機EL電視。

現階段的電視試製機種多為13～17吋。一旦低溫多晶矽的TFT（主動式＝Thin Film Transistor）能夠有所突破時，其技術便可應用於20吋左右的畫面。

因此，日後在電視市場上的可能策略為：

①小型～中型（5～15吋）：主動式（低溫多晶矽）

城戶 NOTE

能夠使用至 20 吋：實際上，2003 年 1 月 SONY 公司已試製 24 吋之有機 EL 電視並公開發表（2003 International CES），使人感覺已急速朝大型化方向發展，只是該產品係由 4 枚 12 吋組合而成。

②中型～大型（15～40吋）…主動式（非晶矽）

③大型～特大型（40～100吋）…被動式

在60吋的大型領域裡，有機EL的競爭對手並非液晶，而是電漿顯示器（PDP）。在現階段下，尚未有任何公司決定「以有機EL製作60吋的大型顯示器」。在國內，若藉國家計畫在5年內製造出這種大型顯示時，咸信各種相關公司皆願意接受這種專門技術並進行製造裝置的轉移。

有機EL與電漿相較之下，由於發光元件的效率爲電漿的10倍以上，在顯示器的消費電力上極占優勢。從消耗電力少以及其輕、薄的外觀，便已占壓倒性的優勢，加上其畫質極爲優良，對於先行推出的電漿而言，有機EL明顯地將呈現後來居上的態勢。

有機 EL 的汽車用顯示面板

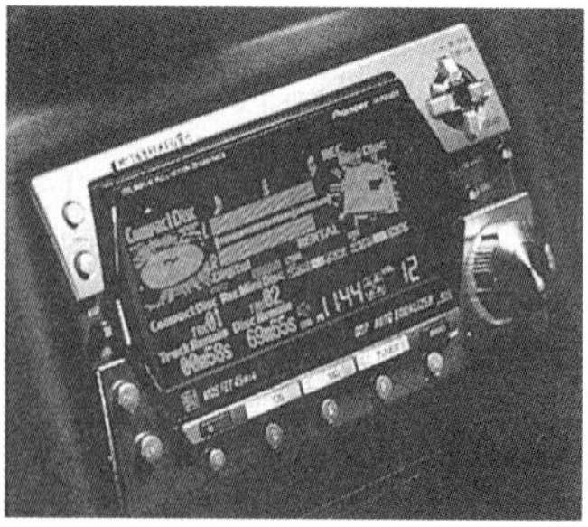

城戶 NOTE

右圖為 after market 用的 Pioneer 汽車音響，使用實際的有機 EL 自 99 年開始製造。左圖所示 Tensor 的顯示面板則為試製品。

◆汽車用顯示器——在照明上的衝擊

搭載於汽車上的顯示器之類，也就是在汽車市場上，有機EL也相當具有潛力。通常在開發與汽車相關（包括汽車用顯示器）的製品時，大都是開發3年後上市的製品，因此，二〇〇六年便能夠推出正規的產品。最先是汽車儀表面板中的一部分先行使用有機EL。由於安全性爲汽車上最重要的要求，在與液晶或VF（螢光顯示管）相較之下，視認性高的有機EL將絕對地占有優勢。

迄今爲止，雖然有機EL在汽車中的高溫穩定性能尚存在著若干問題，但絕大部分的問題皆已獲得解決，在該範疇內現在只等待商品投入的時機而已。

另外，「紙片狀的照明」也是被有機EL認真檢討的商品，若實現這種照明時，將產生可張貼於任何地點的新照明方式。能夠作爲汽車中的照明用，由於其不

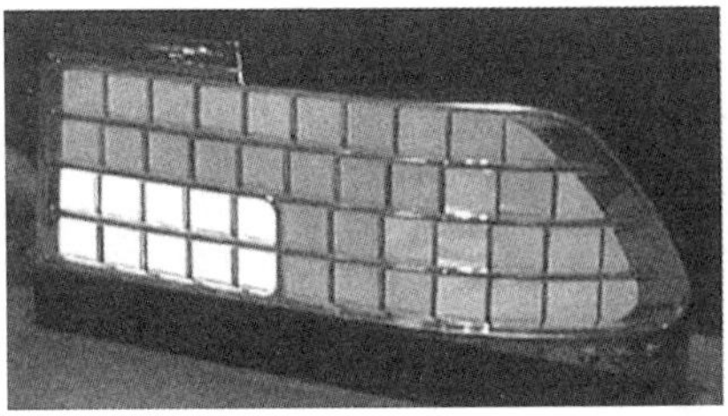

史坦利公司的扁平型尾燈

具有傳統照明燈具所存在的凹凸部分，因而可以增大後行李箱的空間。目前已有史坦利公司開始試裝扁平的尾燈。

與汽車用途各異其趣，現今已有許多諸如電子鍋等家電製品使用液晶之實例。但在光線較暗的廚房中，並不易識別液晶顯示器上的文字。部分廠商已宣傳在汽車中使用「自發光型」產品，家電製品若能夠及早轉移至自發光型時，對家電廠商而言，自然有所衝擊。

另外，在汽車用的顯示器中，除了「高溫穩定性」之外，尚有「震動穩定性」的要求，有機EL由於是固體元件，耐震性強，在該範疇中當然極占優勢。

◆照相機市場——顯眼且美麗的取景器

與行動電話一樣，有機EL在數位相機的市場也前景大好。數位相機的使用者最常使用的部分為取景器（Finder）。在室外拍攝時，現在的液晶顯示器便相當地不容易觀看，由於數位相機端賴取景器操作，若使用有機EL顯示器時，勢必造成相當大的衝擊。低溫多晶矽TFT驅動的有機EL，除了畫質佳之外，還有顯示器薄以及消耗電力低等優點，所以數位相機的取景器勢必將立即由有機EL取代液晶。

DV（數位影像）相機的市場上，有機EL的前景較數位相機更加光明。原因在於針對動畫圖像而言，液晶的響應速度較低，而有機EL正好是克服這個缺點的救星。有機EL具有液晶無可比擬的美麗畫面，極適於動畫。對於製造廠家而言，其間之差別更是不可數計。

數位相機或DV相機的顯示器較小，以現在的有機EL已能滿足需求，因此與液晶轉移至有機EL的行動電話相同，其間的轉移將會相當快速。

◆究竟需有多長的壽命才能夠成爲商品?

有機EL元件的壽命，已自一九八七年唐氏的數分鐘至今有相當大的進展，現今之階段，假若有機EL的初始亮度爲一〇〇燭光時，壽命已可達數萬小時之譜。依材料製造廠的不同，也有超過10萬小時的例子。附帶一提，在談及壽命時，通常指「單一元件的亮度低減至一半時的經過時間」。其實，壽命並非單純的依這種定義而定，在各別的市場上經常有其適用的壽命定義。

在電視的場合，由於存在著「烙痕」的問題存在，因此應更加嚴格考量壽命的

城戶 NOTE

據筆者所知，日本神奈川某公司所開發之產品，初期亮度為 300Cd/m²時，半減時間超過 1 萬小時；100Cd/m²則達 30 萬小時（30 年以上），相信製造初期亮度 10000 Cd/m²，1 萬小時之元件只是時間上的問題。

問題。例如某一畫素的亮度下降至95％，就一般情況而言，該畫素到達半減期爲止尚有相當長的餘裕時間，但若相鄰的畫素仍保有百分之百的亮度時，便能夠察覺烙痕的存在。

電視由於是動畫，因此實際上烙痕的問題並不太顯著，但個人用的電腦顯示螢幕，若在相同地點持續顯示某一文字時，則與CRT相同，將會造成烙痕，因此壽命較計算值（亮度減半）的時間爲短。

至於數位相機的場合，以目前有機EL的壽命已敷需求，且數位相機並非每日使用，也很少有連續使用一小時的情況，若具有三千小時的壽命應該已能夠滿足需求。數位電視的場合，或許一年之中才會發生一次類似小朋友運動會等特別的事件，因此，元件的壽命問題並不會比數位相機嚴重。

第4章

照明的革命、電子紙的誕生

1

改變照明的世界

◆「照明」爲另一個相當大的市場

許多人都只認爲「有機EL爲一種顯示器，爲次世代電視新技術的精華」。其實這種認知並無不對，但實際上在其他的範疇，有機EL也是大有可爲，那就是「照明」的世界。

照明需要有白色的光線。當然，在特定的場合可能使用類似霓虹燈一般的藍色或橘黃色光，但在一般的生活上，絕大部分皆使用白色光。

一九九三年，筆者本人發現能夠以有機EL發出白色光（高分子系材料），接著在低分子系中進行多次的實驗後，也成功地使用低分子系材料發出白色光。最初的消耗電力較高，經過十年來的改進，累積了各項專業技術的結果，現在的消耗

城戶 NOTE

發現白色光：世界首創，現在的效率為 15～20 流明/W。

電力「雖仍較日光燈稍高，但已較白熱燈（電燈泡）爲低」，可以說已經達到實用化的階段。

實際上，若以這些成果想進軍照明市場，坦白說尚未有足夠的誘因。原因在於現實上，面前尚存在著無法擊破的「價格城牆」。不論是日光燈或白熱燈泡，其製作單價皆相當低廉，僅只數元、數十元不等。即使有機ＥＬ日後已達量產階段，價格也已降低，但若欲在已成熟的市場中與其它產品競爭時，仍無異是以卵擊石。

在這種情況之下，不妨先開啓「若非使用有機ＥＬ，便無法實現這種超炫的照明」的另一扇切入窗口，然後再伺機開疆拓土。

白色光之顯示面板將開啓照明的新世界

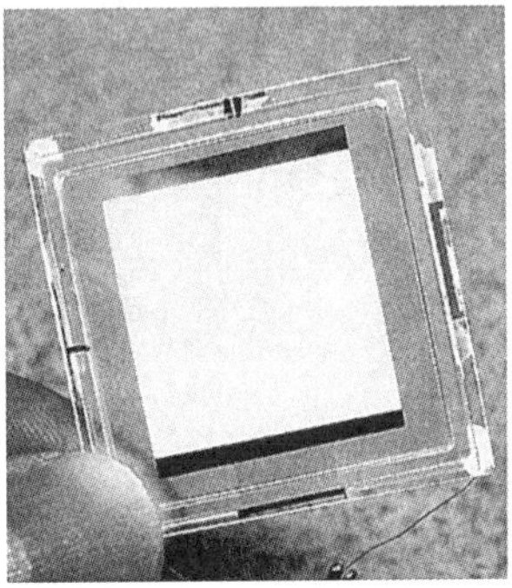

◆價格城牆可以用「新的使用方式」加以擊破

如上所述，單就代替品方面而言，有機ＥＬ在照明上確實存在著價格上的問題。但有機ＥＬ這種特有的「面發光」照明方式，則可能營造出新的照明結構。

這種新的照明方式也就是使整面牆壁或天花

板發光。這種從來沒有被想過的照明方式將可以藉由有機ＥＬ獲得實現。通常日光燈大都安裝於牆壁或天花板上，由於日光燈爲線狀光源，無論如何都會造成陰影部分，而白熱燈這種點光源就更不在話下了。但若採用有機ＥＬ的面光源時，光便會有如光幕一般地傾瀉而下，因此可以簡單地獲得無陰影存在的照明。

業界曾經進行一項有趣的實驗，這是一項使用無機ＥＬ而非有機ＥＬ的實驗。東北電力公司利用無機ＥＬ（polymer 分散型）進行面發光的研究，在約占天花板70％的面積上安裝面發光板，並實驗在這種照明的下方會有何種感覺，當時予人的感覺爲「很自然的感覺，似乎在陰天之下」。

也許讀者可以想像這時屋內的亮度以及其中的氣氛，但在與無機ＥＬ相較之下，亮度更高的有機ＥＬ，感覺上並不是陰天，而是室內被照耀得相當明亮，就有如晴天一般。

雖說是新的照明設備，但並無需更動屋內配線。由於每個房間皆已配有一一〇Ｖ的交流電源，只要利用小巧的轉換器便可以作爲有機ＥＬ的照明用電源。實際上，無需變換器（交流）也能夠點亮有機ＥＬ燈。只是此時，僅在交流的上半部半週，也就是以一半的週期發光，在60Hz的場合雖稍有閃爍的現象存在，但若與現在的日光燈一樣，使用附轉換器變成高頻的點燈方式時，便無此種問題存在。咸信新建的公寓或大樓日後將會率先使用這種有機EL的照明。

◆使用於引導燈上的構想

在天花板全都安裝面光源時，就可以使有機的光充滿著整個牆面；圓柱上則可以黏貼彎曲的有機EL顯示器或扭成絞扭狀的光源——這些新式的使用方法（奇異的構想）最先應該會從展示場或百貨公司開始與一般人見面。另外，一如前章中的說明，汽車或飛機內部等有限的空間，若使用無凹凸部分存在的發光體照明時，便能夠使內部的空間作最有效的利用。

另一種構想為引導燈的利用。所謂引導燈，就如同火車上平常時間固定點燈的指示燈，或如上圖所示作緊急標示的「有機EL

有機 EL 也有使用為引導燈的構想

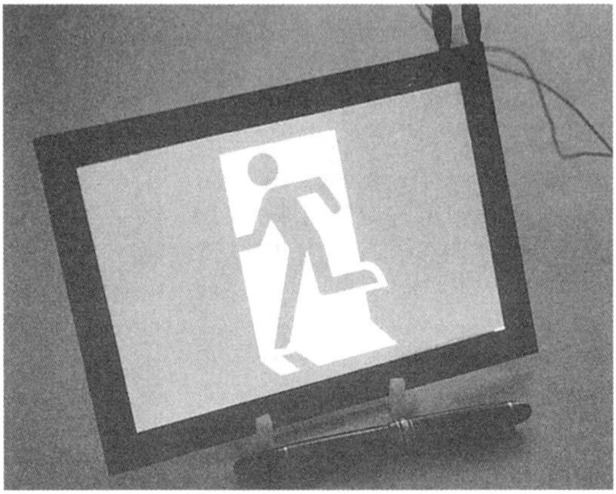

城戶 NOTE

引導燈：柏青哥台、拉斯維加斯或迪士尼世界中的裝飾用燈，已有多種型式。

引導用指示燈」，將這種燈黏貼於牆上就可作爲緊急逃生的指示燈。

如上所述，一般所謂具有完全不同性質的新產品，必須活用其特點，並將其使用方法一一使人瞭解。在這種意味之下，能夠發出各種光色的有機ＥＬ，在緊急引導燈上應該是相當容易發揮其特長的一種應用。另外，這種引導燈只需區域彩色即可，因此能夠以較低的價格生產，其用途也可能進一步擴大。讀者也可以多方斟酌，如何將具有這種特點的光源擴展其利用範圍。

2 愛迪生以來的大革命

◆不再使用日光燈的那一天！

日光燈的消耗電力低，為價格相當低廉的照明器具，但應儘速尋求代替品的態勢已迫在眉梢也是事實，其理由在於水銀的問題。

日光燈內部使用水銀，從環保的角度而言，日光燈將來的使用很可能會受到限制，例如歐洲國家已規範日光燈的使用，其影響早晚將波及美國（尤其是加拿大）或國內。

可能是因為日光燈為一種優良的照明器具，所以不僅是家庭中的照明而已，日本製造的液晶顯示器也有使用日光燈作為其背面光源（冷陰極管）。雖不被稱為日光燈，但在使用水銀這一點上兩者並無兩樣。

現今並無適當的日光燈代替品，但並不能夠說「白熱燈泡就是日光燈的代用品」。由於白熱燈的消耗電力大，所以會導致核能電廠的興建成爲必要，因此以白熱燈泡取代日光燈顯非一般所樂見。

另外，尚未訂出相關法規的日本，如今也出現了影響。例如，日本汽車用液晶顯示面板中，使用了裝入水銀的冷陰極管，目前這種產品已無法輸至歐洲。因此必須使用不含水銀的背光源（但效率低）。在汽車上，由於使用本身發電的電源，即使液晶顯示面板的效率稍微下降仍無大礙，但一般筆記型電腦用的顯示器便遭遇到了問題。

◆超越日光燈的電力消耗與成本！

如此一來，有機ＥＬ照明便將備受注目。與其說原因在於「沒辦法，只得使用這種替代品…」，倒不如說是「有機ＥＬ照明的效率很可能超過日光燈的80流明／W」的緣故。

之所以能夠超越80流明／W的障壁——想來讀者已瞭解其中的原因，那就是使用磷光材料。假如使用磷光材料而非螢光材料（發光率25％），且能夠將發光率提

城戶 NOTE

民意：日光燈應由何種燈具取代之論壇中，價格的高低、消耗電力大小均被提出討論，但尚無人提出水銀的問題。

可以作為照明的大型白色光顯示面板

升至百分之百時，便能夠預期消耗電力方面將優於日光燈。

成本方面的問題最後也將歸究於量產化，其目標則由國家計畫來加以達成。現在，試製60吋有機ＥＬ顯示器的目的之一，便在於促進「開發應用大型基板的產品→高速蒸鍍器的開發」等製程研發。

藉此，原來五分鐘製造一片基板的速度便能夠予以高速化，使達到一分鐘一片的程度，或者基板的大型化——開發這種新製程之後，白色光照明用面板的成本才能夠與日光燈抗衡。

而這對於整個世界而言也極具意義。

首先，在有機ＥＬ世界居於領先地位的日本，可以藉由其技術力量對「環境」這種全人類共同面對的問題做出貢獻。若能夠藉日本的技術避免使用對環境有害的水銀，將是一件重大的事情。

第二、自愛迪生發明電燈以來，維繫二百年以上歲月的照明世界（點光源、線光源）將一舉全盤改觀，而提供給顧客的另一種選擇，也就是新式的照明方式——

城戶 NOTE

筆者居住的日本山形縣米澤地方有小野溫泉，其中的螢火蟲頗為出名。螢火蟲的發光才是真正的「有機之光」，與白熱燈那種釋出熱（副產品為發出光）不同，它幾乎不發出熱量，發光效率已近乎 100%。

面光源，這將給照明業注入一股活水，相信在面光源籠罩中，將能夠提供嶄新的另一種照明世界。

◆無機ＬＥＤ為指向性的強光，有機ＥＬ則為照明用之光

半導體的無機ＬＥＤ（無機化合物半導體ＬＥＤ）也是一種有趣的元件。這是為中村修二博士成功研發「藍色ＬＥＤ」之後而一躍成為著名的技術。ＬＥＤ中有「無機ＬＥＤ與有機ＬＥＤ（＝有機ＥＬ）」兩種，不同的只是點光源（無機ＬＥＤ）或面光源（有機ＬＥＤ）的不同而已。

由於無機ＬＥＤ為點光源，而且為指向性相當強的光源，因此可以做為點照明或吊燈等用途。此外，由於其壽命長，因此也可以作為信號燈或燈台的光源。但人類日常生活中所需的照明並非此種指向性高的光源，而是整個面皆呈現柔和光線的光源。

無論何種技術皆無兩樣。若心未嚮往便無法強迫使用。例如，指向性強的無機ＬＥＤ並非無法用來照亮房間，其實點光源的無機ＬＥＤ配置於整個天花板時也可以用作房間的照明，如此也將類似面光源一般能使全體獲得照明，但由於其會發

城戶 NOTE

有機 LED 與有機 EL：兩者其實相同。日本多稱為「有機 EL」，本書也採用有機 EL 之名稱，但歐美地區多採用「有機 LED」，其實「有機 EL＝有機 LED」。

熱且效率低因而未被青睞。雖然單體之無機 LED 進行試驗時能夠獲得不錯的結果，但若要大量予以集中時，便將發出相當大的熱量，發光效率極低。

另外，若價格居高不下也無法使用於照明上。無機 LED 這種高指向性的光源在單體使用時雖不成問題，但爲使全體獲得照明時，便必須大量配置無機 LED，如此勢必增加成本。因此適才適所，在技術的領域中亦復如是。

3 電子紙帶來的衝擊

◆今已誕生理想的，幾乎是全新的一種介質

紙張爲相當便利之物，不過，資料量大時其體積也將隨之龐大；顯示器雖然極爲方便，但卻因重量大而不利於攜帶，經常隨身攜帶筆記型電腦也令人大感不便……。

而今，「紙與顯示器（電視）」兩者合而爲一的理想顯示器業已露出曙光，此爲厚度小於1毫米，眞正達到超薄的顯示器，而且還能夠像紙張一般被捲成圓筒形狀，便於攜帶——。這種有如置身於夢境的顯示器相信不久將出現在世人面前。

這種超薄的顯示器具有數種類別，我們統稱之爲「電子紙」，但實際上其間的特性有相當大的不同，因此以下將之分爲兩類加以說明。

城戶 NOTE

①的電子紙也正研究如何彩色化。

①電子紙……以E・Ink公司爲代表的超薄新聞型，顯示黑白，文字型。

②薄片顯示器……使用有機EL的超薄顯示器，可顯示彩色，動畫型。

◆E-Ink公司的電子紙

①之電子紙中，代表的產品爲美國E-Ink公司所研發，由於最近備受注目，咸信讀者皆已有耳聞。基本上這種類型的電子紙爲一種黑白顯示器，給人的印象是類似報紙一般。其形體極薄如紙，能夠更換顯示之資料，可顯示文字或圖像。在不更新資料時，消耗電力爲零，筆者認爲這是一種相當有趣的產品。

這種產品給人感覺爲畫質可以再進一步改良，使白色更白，黑色更黑，使對比更顯著，咸信這些缺點今後將可獲得相當的改善。

E-Ink公司的電子紙，其實是內部填充了Micro Capsule的製品，內部爲粒子的活動，因

E-INK 公司製作的電子紙

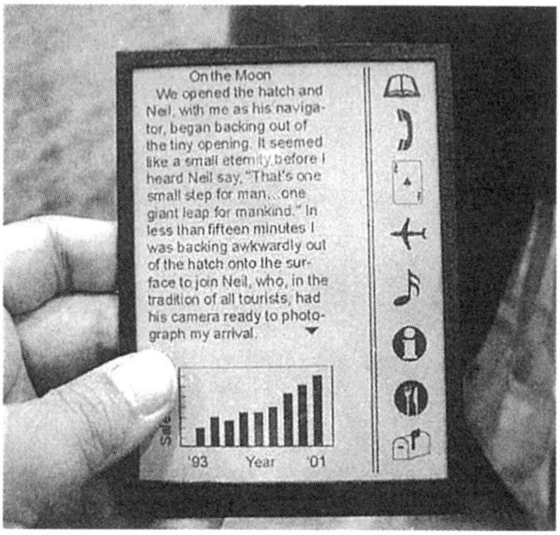

城戶 NOTE

消耗電力零：為極特別的特徵。有機EL製成的電子紙也屬於省能源型，但並非「0消耗電力」

SID：Society for Information Display（美國電子顯示器協會）。

電子紙（有機 EL 以外）之原理

① Micro Capsule 方式（E-INK 公司）

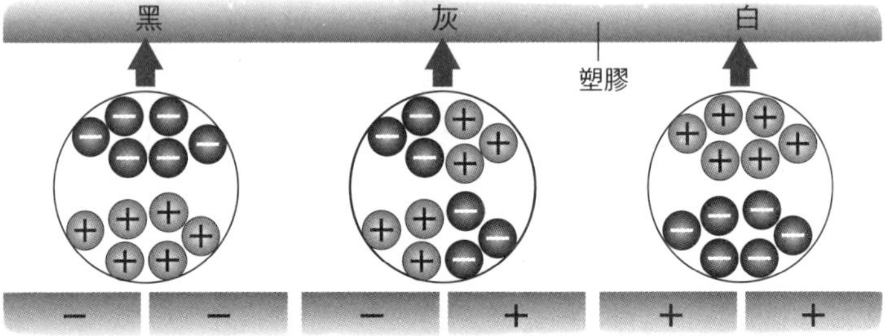

②吉麗康磁珠方式（吉麗康媒體公司）

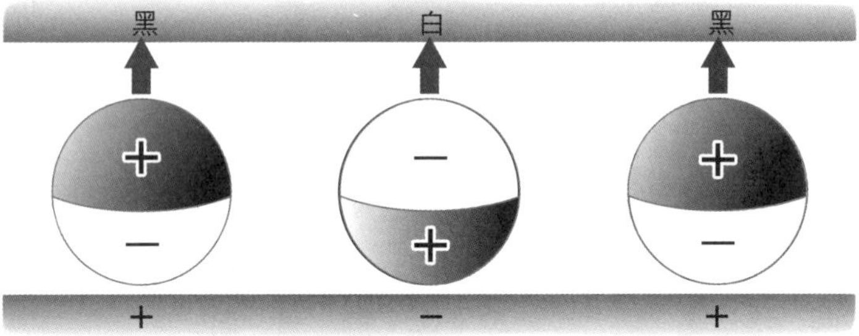

此適於文字表示等用途。從原理上而言，希望每秒鐘獲得60幀畫面的速度並不易達成。但在不更新資料期間，卻具有「零消耗電力」這種驚人的特徵！

現在，凸版印刷已與E-Ink公司結合，由於黑白的場合常有針孔存在，因此E-Ink想要使用凸版印刷的彩色濾光技術，朝向彩色化的目標邁進。如前頁的照片所示，若欲將之使用於PDA，相信近期即可達成商品化。

只不過，E-Ink 公司型的電子紙屬於反射型，即使成功地達成彩色化，但其亮度並不高，視認性較低。雖然與液晶的方式同樣附上背面光或前照光時，能夠增加亮度，但如此一來厚度將隨之增加，並不符電子紙的需求。另外，如前所述，動作速度慢爲其最大的致命傷。

如何克服上述的缺點則爲今後努力的課題。另外，在這種型式之外，尙有賽畢斯公司採用的電泳動方式以及吉麗康媒體公司發展的吉麗康磁珠方式等。

E-Ink 型的電子紙雖然尙有改進的空間，但咸認爲普及的可能性頗高，現今已有藉網際網路傳送小說至 PDA 的服務，若 PDA 能夠製成極薄的電子紙時，可能便會相當地普及。

藉網際網路傳送小說，只是屬於趣味性的範疇，若能夠下載新聞時，則應用的形式便完全不同。在離家上班前，利用網際網路接收新聞報導，或者在外出地點利用行動電話將新聞資料輸至電子紙時，便成爲可攜帶的電子新聞了。

只不過是，所使用元件的速度仍嫌較慢，雖然文字的處理上並無任何問題，但卻無法勝任動畫的處理，至今尙無法跨出新聞的領域。

城戶 NOTE

賽畢斯公司：該公司 CTO 的李安博士為筆者研究所時代的友人。

◆能夠與動畫對應的有機ＥＬ薄片顯示器

另一方面，有機ＥＬ的薄片型顯示器就「厚度薄」而言雖與前述的電子紙相似，但由於動作原理有相當大的不同，因此商品的特性亦異，此相當於一種能夠捲起來攜帶的顯示器（電視）。能夠做爲電視用，也能夠做爲個人電腦的顯示器用。可以貼在衣服上做爲「董事長」、「招待者」等名片；當然也能夠獨自享受電視之樂趣。

例如，在薄片顯示器的場合，藉由網際網路接收運動一欄的資料後，只要點取照片部分，便能夠經由網際網路將動畫資料高速傳送至薄片顯示器中，原來的靜止畫面轉變成爲動畫；只要點取照片便能夠盡情觀賞相撲、黃金戰士陳致遠跳起來接殺全壘打的球……等畫面，也就是閱讀動的新聞。在希望達成這種高階（Hi-END）的場合，有機

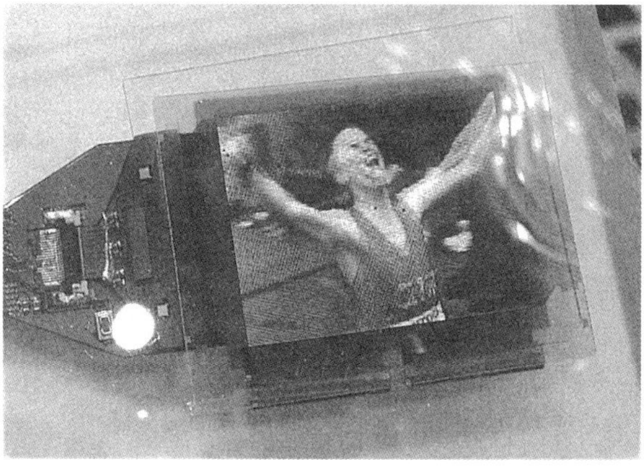

先鋒公司的薄片全彩色顯示器

有機EL的「可捲曲型顯示器（電子紙）」試製品

0.4mm，由 3 個區域彩色組成

EL的薄片顯示器便成爲不可或缺者。

若只是顯示文字，以閱讀小說爲主時，則以耗電較薄片顯示器爲小的E-Ink型式更爲適宜。因此，E-Ink公司的反射型適用於以文字爲中心；發光型（薄片顯示器）則適於以動畫爲中心的場合；至於B5大小的顯示器，或許能夠考慮右側爲電子紙，左側爲薄片顯示器的使用方式。

有機EL的薄片顯示器當然也可以做成與個人電腦相同的方式。現在，厚度約爲20～30毫米的「筆記型」個人電腦機種已經問世，在這種厚度中，除了顯示器部分外，尚包括CPU、電池等全部零件。最近已可利用無線傳送各種資料，本體與顯示器分離，將本體置於公事包中，

城戶 NOTE

大日本印刷的紙張顯示器照片：1999 年日本文部省，通產省在協調基金會中出示由山形大學、先鋒公司、大日本印刷等所開發的「柔軟性顯示器」，照片為 2002 年的最新照片。

柔軟性有機 EL 的構造

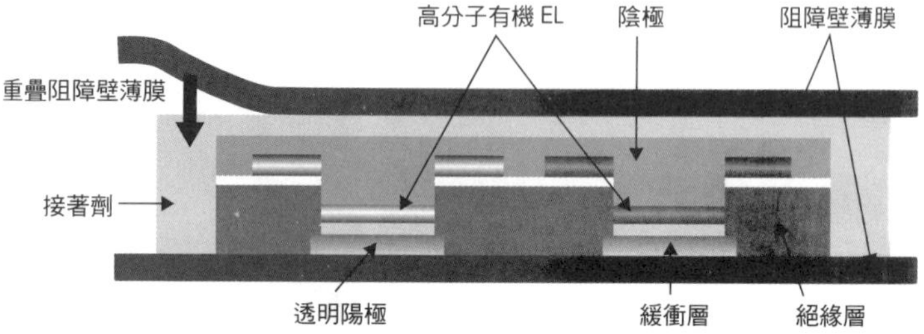

手邊只是顯示器（薄片顯示器）而已。事實上，以現今的技術，業已能夠達成這種要求。

前頁的照片爲大日本印刷（DNP）的照相凹版印刷所製作的高分子有機EL薄膜。而在先鋒公司的綜合研究所中，被動型的全彩色顯示器也已試作完成，相信實用化只是時間上的問題。

第5章

有機EL因材料而異

1 如何製造有機ＥＬ材料？

◆有機ＥＬ的材料無限！

臺灣是一個天然資源稀少的島嶼，可能是因爲這種關係，在使用有機物的有機ＥＬ上，或許有人會擔心「資源是否沒問題？」

答案爲「沒有問題」，大可放心。一如序章中的說明，作爲有機ＥＬ材料的有機物能夠取自於石油，就與從石油製造塑膠一樣，可以用石油做爲原料，合成出石油化學製品（有機物），根本無庸擔心材料來源的問題。

只是，在少數的有機ＥＬ材料之中，使用銥等材料的類型則另當別論。「有機物＋無機的金屬離子」這種複合體稱爲錯化合物。在金屬離子四周附著有機物的材料便稱爲金屬錯化合物。

城戶 NOTE

材料無匱乏之虞：若發生「石油無法運抵國內」之情事時，便另當別論。這時將威脅到各種生活面，因此整體來說有機 EL 的材料並無匱乏之虞。

金屬錯化合物之中，若金屬部份使用價位高的白金或地球上稀有的鈦時，便有可能發生蘊藏量或成本的問題而無法使用的情況。但在這種場合下，可以利用錢或其他的金屬加以取代。這方面的研究日後將持續進行，另外，被淘汰的顯示器也能夠加以回收再利用。

◆織出千變萬化的顏色！

開始研究有機 EL 的時間爲一九六〇年代，當時使用的材料爲能夠發出藍色光的一種名爲蒽（anthracene）的有機化合物。

藍色——前已數度指出這種顏色爲特殊的顏色，原因爲只要能夠發出藍色光，便能夠從這種光產生其它顏色光的緣故。藍色光爲可見光中波長最短的光，其它顏色的光波長均較藍色光爲長。波長較長的光，可以藉由各種方法從短波長的顏色中獲得，若先獲得藍色光之有機 EL 時，便能夠從藍色光中獲得綠色、黃色、橘色、紅色等所需的顏色。很幸

蒽（anthracene）開啓有機 EL 的歷史

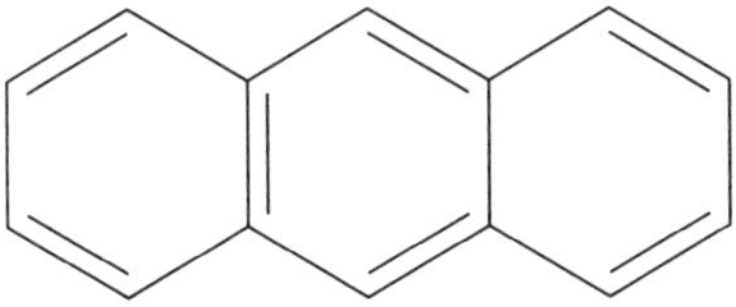

◎能夠發出藍色光的蒽構造

城戶 NOTE

化學構造：看到蒽（anthracene）這種狀似龜殼（苯環）的化學構造式樣相當使人感興趣，在觀察金屬錯化合物的形狀時，易使人逐漸產生興趣。與數學式相同，「習慣」最為要緊，本書中將提示各種金屬錯化合物的形狀。

改變藍色光材料蒽之骨格使波長變爲較長的波長（綠、紅）

蒽

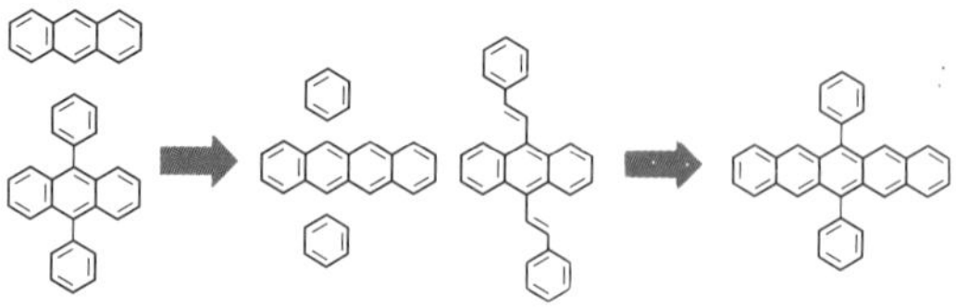

藍　綠　紅

運的，能夠發出藍色光的有機ＥＬ早已開發完成。

具體而言，若備有藍色光的材料（例如蒽）時，便能夠以之爲骨幹，藉由改變蒽的構造，使原來的藍色波長移向波長較長的一方，如此便能夠改變分子發出的光色。本來，依照有機材料的不同，「藍色」光可以有數百或數千種。從這些豐富的藍色（基本的顏色），以及過去數十年來所獲得的經驗，過去已實際藉由人工合成方式獲得龐大數量的螢光色素，並以各種不同的型態存在於人類的四周。因此可查尋以往的文獻，將之改良爲適於有機ＥＬ的形式。例如設法提高其耐熱性，或使其具有容易蒸鍍的構造。雖然使用的材料並不存在於自然界中，但人類卻擁有有機化學「智慧的累積」。假設最初先發現「紅色（長波長）」的材料，而未發現藍色光的材料時，有機ＥＬ便無法有今日這般的情況。雖然不能說無法從紅色朝藍色方向遷移，但至少極爲困難。

城戶 NOTE

現今已實用化的藍色材料為蒽的一族（透導體）。有機 EL 材料莫非由蒽開始而終於蒽？

◆有機 EL 的材料無限，可能性也無限

本來，所謂的有機物爲一種絕緣體。讀者可以由塑膠瞭解到什麼是絕緣體，電線的被覆或插座上的絕緣體便是這種材料。但是，獲得諾貝爾獎的白川英樹則指出：「某種高分子能夠流通電流」，26年前（一九七七年）便已瞭解這種現象。但是，能夠流通電流並非指具有類似金屬那種導電性，因爲依分子結構骨架的不同，電流的流通情況也有不同。

有機材料的設計例以及實際之作業情況

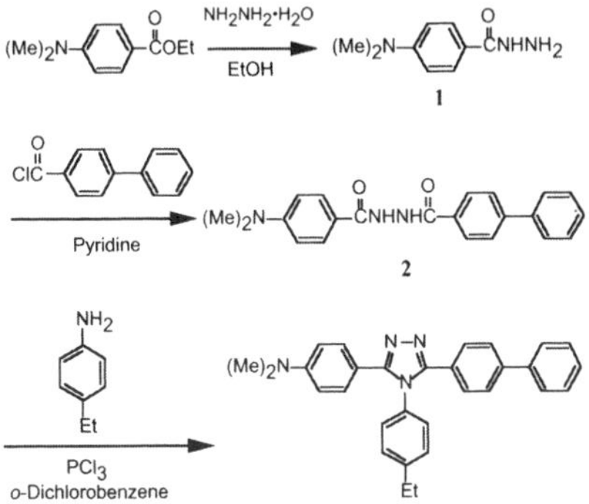

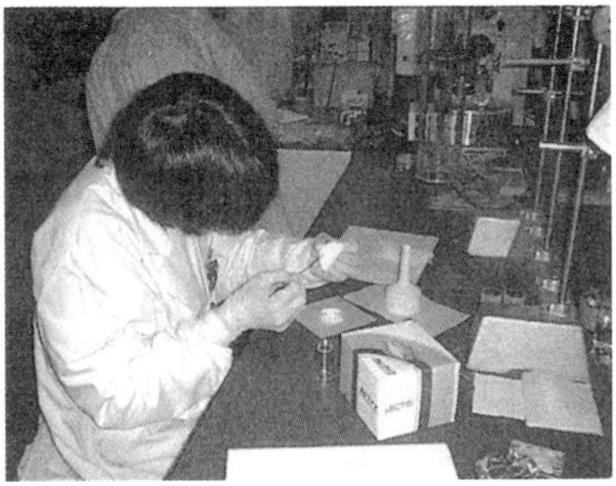

在大學的研究室或企業的研究所中所進行的材料研究工作，係先將該種分子設計於紙上，再進行實際的合成，利用合成材料製作實際的元件，試驗其發光情形並檢驗其特性。有機ＥＬ中使用的材料並非「天然材料」，幾乎都是「人造材料」，因此材料幾無限制，而碳的構造亦無限，當然就具有無限的可能。

因此，可以視需要而製造新材料，就是有了這些有機材料方才使得有機ＥＬ的開發呈現今日的成果。柯達公司的唐氏（Tang）研發出壽命僅數分鐘的有機發光體迄今只不過十數年而已，同樣是高分子研究者之中曾經有人認爲：「實際將有機材料應用於發光上乃不切實際之舉」，但現在卻已能達到數萬小時的壽命。這便是有機材料的性能持續向前進步的明證，而這更是有機ＥＬ引人入勝之處。

以下擬就材料方面加以說明。

2 每一構成層分別使用適當的材料

◆選擇適當材料分配擔負的角色

以下不妨就有機 EL 各層中使用的材料，說明其特徵。

如前面的說明，在低分子系材料的場合，由於採用眞空蒸鍍方法成膜，因此容易積層。具體而言，有機 EL 的元件，陰極與陽極間的境界面以及中心的發光層分別擔負不同的功用，因此各別使用不同的材料，具體之例爲：

①發光層
②傳輸層（電子、電洞）
③注入層（電子、電洞）

由於各別所要求的特性不同，故應使用適合於各層所需特性的材料。

發光層的作用係藉由注入電荷之再結合的激勵作用而以較高的效率發光。因此，該層使用發光特性爲螢光性或磷光性且發光性相當強的化合物。由於發光層擔負發出強光的功用，因此爲有機 EL 的核心部份。即使其他的薄層使用無機物質，但由於「發光層＝有機物質」，因而仍被正名爲有機 EL。

關於傳輸層的作用，例如電洞傳輸層係自陽極（正電極）將電洞輸送至發光層，並閉鎖來自陰極的電子，不使逸至陽極；另外，電子傳導層的作用則係將源自陰極的電子輸送至發光層，並閉塞來自陽極側的電洞，使不逸至陰極。總之，傳輸層能夠使源自電極（正、負）流進的電荷載體，圓滑地流至發光層，以及將源自對方的電荷予以閉塞使不令通過，因此必須使用「載體移動度高」且「不使對面側電極所流進的電荷載體通過的材料」。

至於注入層的作用，實際上，注入層的作用係在於使電荷載體能夠圓滑地從電極流至傳輸層。

例如，電極的功函數應與電洞傳輸層的 HOMO 準位、LUMO 準位（有機分子的軌道）有良好的配合度。「電洞傳輸層的HOMO準位、LUMO準位（有機分子的軌道）」指得是分子中能夠進入電子的「空的軌道」或「已塡充電子的軌

城戶 NOTE

HOMO ＝ Highest Occupied Molecular Orbital，最高占有軌道
LUMO ＝ Lowest Unoccupied Molecular Orbital，最低空軌道

HOMO 與 LUMO

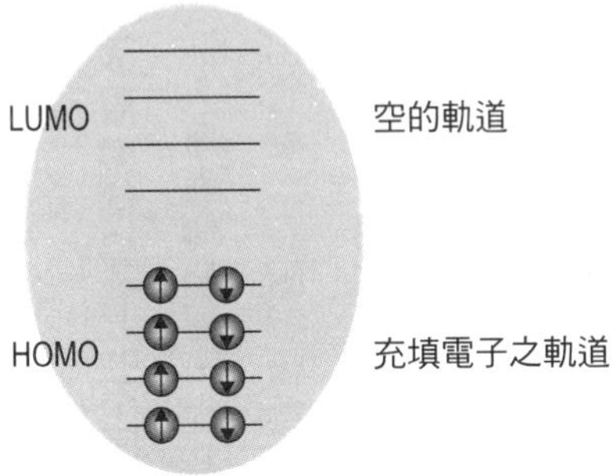

不同材料時的 HOMO 與 LUMO

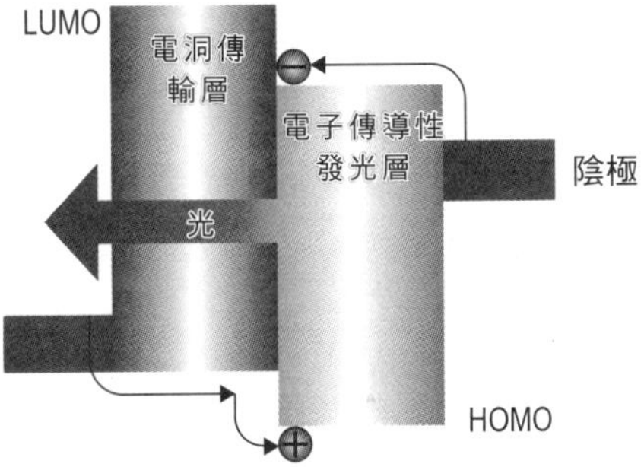

藉由注入載體而發光的原理

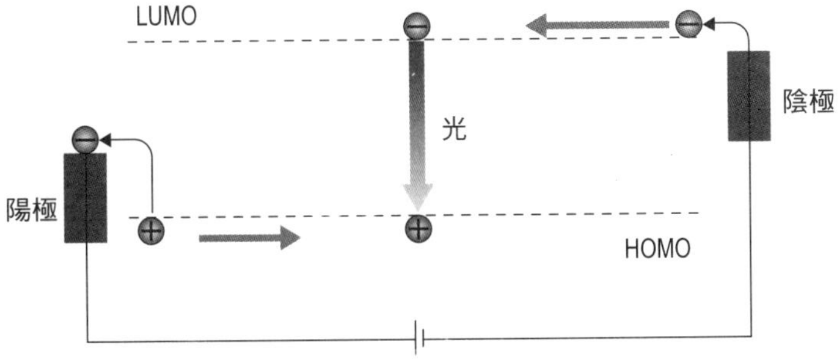

道」。「LUMO」表示最低的空軌道，即使是空的軌道，其中也存在著最低能量準位，電子首先便進入該位置；另一方面，已塡充了電子的軌道中，在最高的位置所接受來自原子核的束縛爲最小，電子最易活動，這便稱爲「HOMO」，意爲最高的占有軌道。

若該準位與電極的功函數未能有良好的匹配時，電荷便無法有圓滑的流動。

◆注入層與傳輸層的不同

注入層與傳輸層，從其性格也應可知曉，基本上兩者頗爲類似。或許有部分讀者提出質疑，若兩者頗爲類似，何以不將兩者合一便無需加以分別，那麼，「注入層與傳輸層使用相同的材料，並將之統合爲1層是否可行？」

當然，兩者製成單1層時，原則上更爲理想，但一般將「注入層、傳輸層」兩者分開，其實有其原因存在。

例如，就物理與化學上而言，電洞注入層能夠與ITO電極材料獲得良好的匹配；而電洞傳輸層則使電洞快速地流向發光層，這種高移動度相當重要。至於源自對方電極所流入的電子則必須加以阻斷。

各層所使用的材料表

	低分子系	高分子系
陰極	鋁 鋁：鋰合金 鎂：銀合金	鋁
電子注入層	鋰等鹼性金屬 氟化鋰 氧化鋰 鋰錯化合物 摻雜鹼性金屬之有機層	鋇 鈣
電子輸送層	鋁錯化合物 Oxadiazole 類 Triazoles 類 Phenanthroline 類	—
發光層	鋁錯化合物 蒽類 稀土類錯化合物 銦錯化合物 各種螢光色素	π共軛系 Poly-Phenylene-Vinylene 類 Poly-Fluorene 類 Poly-Thiophene 類 含有色素之高分子系（非共軛系） 側鏈型高分子 主鏈型高分子
電洞輸送層	烯丙基胺類	
電洞注入層	烯丙基胺類 鈦菁類 摻雜 Lewis 酸有機層	Polyanirin ＋有機酸 Poly-Thiophene ＋ Polymer 酸
陽極	ITO（銦與錫之氧化物）	
基板	玻璃、塑膠	

如此，對於傳輸層的要求便爲「移動高」，但「移動度高的材料」並非一定是「注入層所需的材料」。反之，匹配良好的注入層材料，並未必是載體移動度高（傳輸層）的材料。

若存在著能夠兼顧雙方的材料，當然最爲理想，但現階段仍無法尋求適當的材料，因此只得分開爲多層，分別使用最適當的材料，使能夠適材適所。

最好的情況由一層材料滿足「注入層、傳輸層、發光層」三者的需求。如此一來便「容易注入電子與電洞，且能夠以極高的速度移動，發光性能良好……」，而成爲理想的材料，但現在階段這種材料仍遍尋不得。

因此，在無法以一種材料滿足全部的需要時，只得考量使用2層、3層方式，也有可能使用4層構造。

前頁之表係以發光層爲首，包括傳輸層、注入層，以及陰極或陽極各層所使用的材料名稱，並以低分子系與高分子系之別所列之表。若非專門人員確與其間的關係不深，不過，電洞輸送層中常用的「烯丙基胺」類，則被用來作爲影印機的感光體，而電洞注入層所使用的鈦菁類（phthalocyanine）則被作爲日本新幹線中的塗料。

如上所述，事實上，形成有機EL各層的材料便存在於人類身旁。

3 「發光材料」才是有機EL的心臟

◆低分子系的發光材料

發光層是有機EL中的最核心部分，發光效率便由該部分使用的材料所決定。在此之前，發光層部分使用低分子螢光色素、高分子、甚至是金屬錯化合物等各種有機化合物進行試驗。材料的關鍵點在於能夠發揮較高的發光量子效率、成膜性良好以及載體的傳輸性高等。

以下茲區分低分子系與高分子系加以說明。

179頁中已列出若干低分子系材料的代表例。雖然發光材料的種類頗多，但最常使用的爲鋁錯化合物（Alq_3）。鋁錯化合物的電子移動度較高，利用蒸鍍方式可以獲得無針孔、相當平滑的薄膜，耐熱性高而被認爲是理想的材料。其他的金屬錯化

城戶 NOTE

鋁錯化合物（Alq_3）的電子移動度：$10^{-3}cm^2/Vs$
銪錯化合物：（Eu（DBM）$_3$（Phen））

合物如銪錯化合物等，則能夠發出相當尖銳的紅色光（參照　頁之光譜）。

◆以主體材料與摻雜物分擔角色

「發光材料」大致上可以分爲

①本身的發光能力雖較低，但成膜性高，適於與其他發光能力高材料混合的主體材料（Host 材料）。

②本身的發光能力高，但無法單獨成膜的發光材料（客體材料）。

兩種。

①的代表材料爲鋁錯化合物（Alq_3），其它尚有鈹錯化合物（$Bebq_2$）等，這些均屬主體材料。不過，最近具備②之性質的材料備受注目，使用時，將少量②的發光材料混合於主體發光材料中，因此被稱爲色素摻雜劑，而這種作法則稱爲發光層的色素摻雜。

摻雜（doping）一般指得是運動比賽上，運動員服用少量藥物以提高身體體能之謂。有機EL中所謂的摻雜指得也是只需1～2％少量的摻雜劑（摻雜色素）加於主體材料中，即可大幅提高發光效率的方法。

城戶 NOTE

筆者本人曾利用將甲基導入鋁錯化合物（Alq_3）的 $Almq_3$做為 Host，並摻雜螢光色素作為發光層，製成亮度極高的有機 EL 元件，當時屬世界上最高等級。

發光之物質、支持之物質（摻雜物）

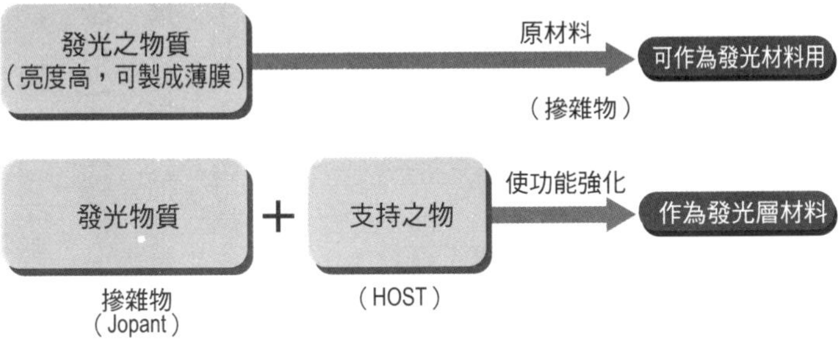

作爲摻雜劑用的材料

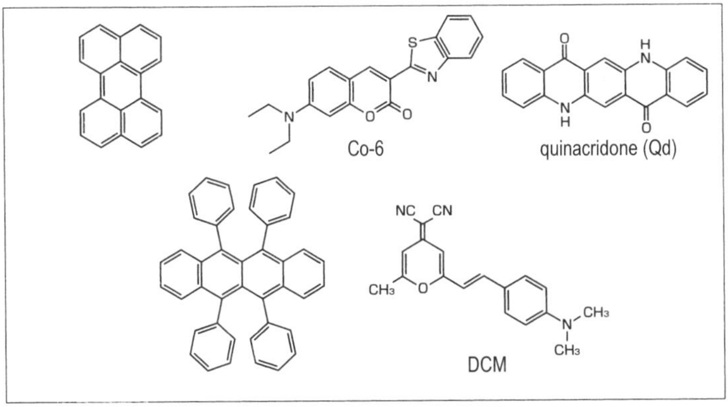

螢光色素照射紫外線時可以發光

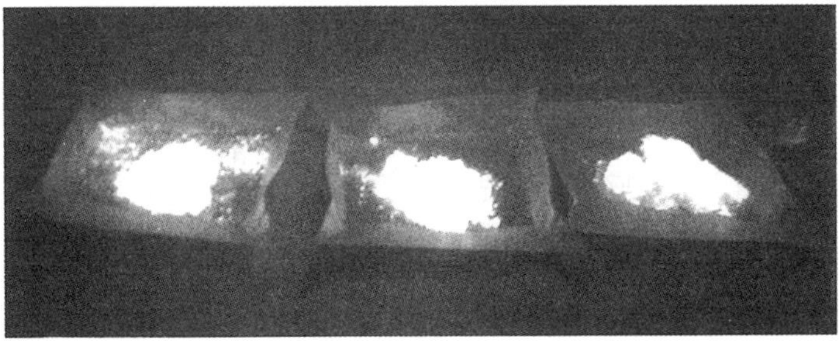

這種主體／摻雜的組合，便由摻雜劑擔任發光作用的主角。其中存在著 2 種機制，第一爲電子與電洞在主體材料分子上進行再結合，先使主體材料呈激勵狀態，該激勵之能量轉移至摻雜劑分子，使摻雜劑分子獲得激勵而發光的所謂「能量移動機構」。另一種則是電子與電洞在摻雜劑分子上再結合，摻雜劑分子直接被激勵而發光的「直接再結合激勵」。不論是何種場合，選擇材料的條件爲主體材料分子的激勵能量準位應較摻雜劑分子的激勵能量準位爲高。可以將綠色材料或紅色材料摻雜於藍色的材料中，其中的組合可以是多種多樣。另外，主體材料必須滿足電子與電洞雙方的注入性質與成膜性良好、耐熱性高、激勵能量水準高等條件。

摻雜色素首要的特性爲發光量子效率高，其次爲不易凝聚，也就是能夠均一地分散於主體材料中。一般的螢光色素類都呈剛直平坦的構造，容易凝聚。由於若發生凝聚現象時，發光能力將隨之降低，因此在設計分子時，必須滿足與之相反的特性，也就是分子結構剛直、平坦，但不易凝聚……。

如此，藉由色素之摻雜，不僅能夠提高發光效率，也可以用來改變光色或混色，如第 1 章第 6 節所介紹，在高分子中使色素分散以發出白色光的方式，便是利用這種色素摻雜法。

城戶 NOTE

共同蒸鍍：由個別的熔爐蒸發 Host 與摻雜材料，混合之後形成薄膜

通常，發光層利用共同蒸鍍方式，在主體材料之色素上摻雜微量作爲發光核心的客體色素。使用於較低的濃度，用意在於不使因螢光量子效率高的發光色素造成濃度消光現象。採行這種方法時，即使發光材料的成膜性較低，也可以作爲摻雜色素而成爲發光的核心。

◆高分子系的發光材料

在發光材料的研究方面，日本係以低分子系爲中心；而歐美國家則以高分子系的研究居多。

與低分子系材料相較之下，高分子系材料的長處在於其物理強度高，從元件的物理強度而言較爲有利；另外也具有塗布作業簡單，元件製造容易等優點。

高分子材料大致上可以分爲下述兩種類型：

①π共軛系高分子

②含有色素系高分子（非共軛系高分子）

π共軛系高分子係在主鏈上廣泛存在著π共軛的構造。這些高分子（polymer）例如聚乙炔等，雖然因具有導電性或非線形的光學特性而成爲被研究的對象，由於

城戶 NOTE

共軛高分子的場合，構成高分子主鏈的碳原子相互共有π電子，在高分子鏈上，電子呈能夠自由活動之狀態。

其研究迄今未見更進一步的進展，因此多數的π共軛研究者轉而朝有機EL範疇進行研究工作。

191頁表示若干代表的π共軛高分子。在主鏈上重覆呈現「碳碳的單鍵結合與雙鍵結合」也就是形成寬廣的π共軛分子。由於呈現剛直的主鏈，因此這些高分子材料大多較缺乏溶解性。若使成長出長鬚形狀的側鏈，使減弱高分子鏈之間的相互作用時，便容易溶於溶劑中。至於π共軛系材料的缺點則爲：由於π共軛的範圍較寬廣，HOMO與LUMO的能量間隙較狹，發光顏色因而多屬於波長較綠色爲長的黃色或紅色，也就是不易獲得藍色光。雖然最近已開發出能夠發出藍色光的高分子，但發光的自由度、材料的設計和自由性仍與低分子系有較大的差別。

在材料的開發上，相當重要的要點爲：由於高分子系採用單層構造，必須以單一的材料滿足注入電子、電洞的平衡性良好，以及發光效率高、成膜性佳與耐熱等多項的要求，而這些皆是開發高分子系材料時所遭遇的困難問題。

含有色素之高分子，顧名思義係一種將低分子系（色素）材料予以高分子化的材料，因此基本上，載體輸送或發光特性等與低分子系並無不同，發光顏色方面的自由度也高，能夠發出從藍色迄紅色，甚至於白色光。

城戶 NOTE

在含有色素的高分子中，發光量子效率高時的載體移動度低，與π共軛相較之下，所需的電壓較高。高移動度材料的開發遂成為一項課題

主要的發光材料

◎低分子系中代表的發光材料

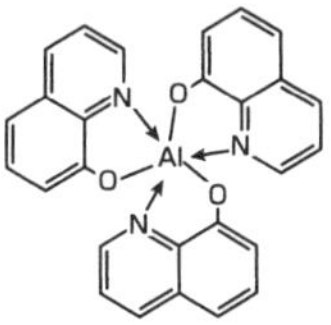

Alq_3

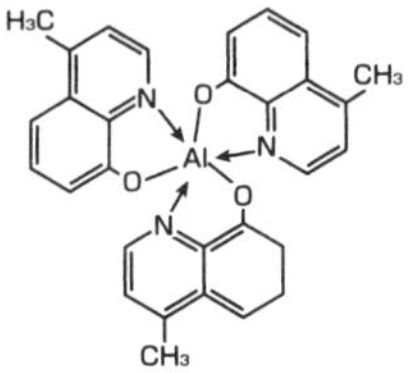

$Almq_3$

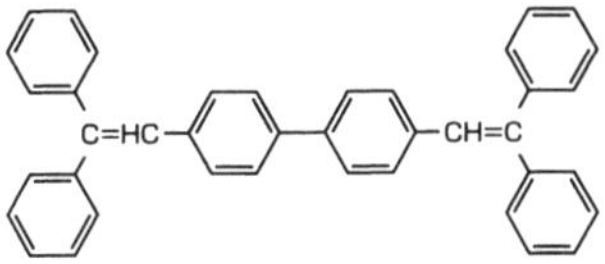

DPVBi

◎高分子系代表的材料（π共軛高分子）

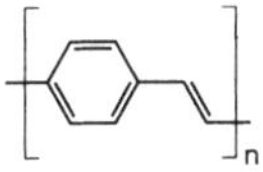

PPV

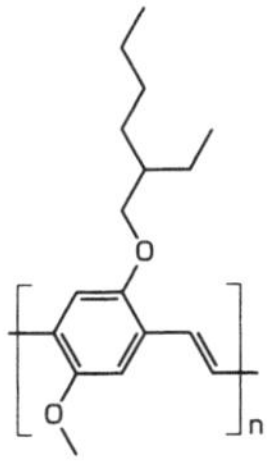

MEH-PPV

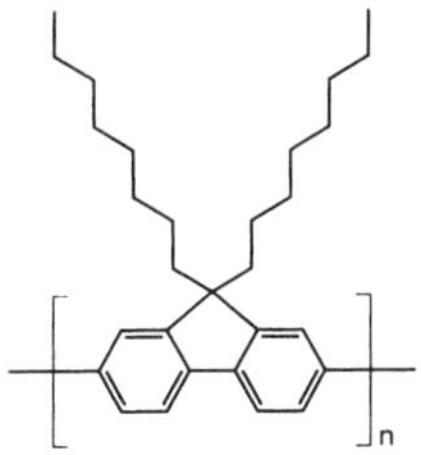

PF

◎高分子系代表的材料（含有低分子色素之高分子）

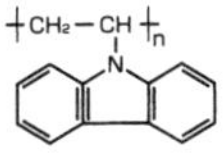

PVK

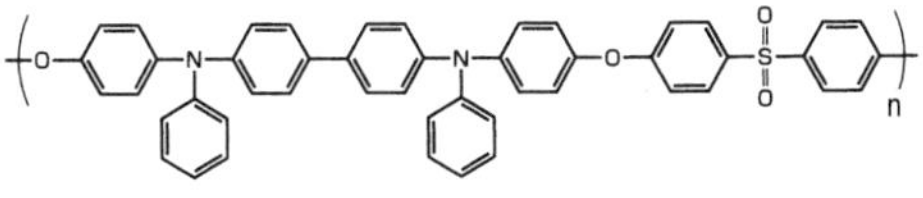

TPDPES

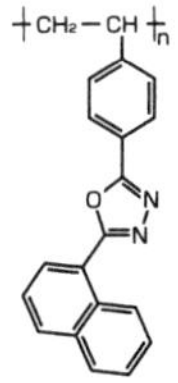

PVOXD

將低分子色素（低分子材料）予以高分子化之物質，並非共軛

另外，前頁表的下方爲含有色素的高分子代表例，例如聚乙烯咔唑（polyvinyl carbazole）的發光材料便是兼具電洞傳輸性的高分子，曾被考慮作爲電子照相中的載體傳輸層用，呈現螢光性質，在薄膜狀態下可發出藍色光。

另外，高分子中的分散色素方法除了在控制發光之顏色外，也能夠藉由色素分散，以塗布方式製作高效率的單層元件。

4 適用於「傳輸層、注入層」的材料

發光層當然是有機EL中最重要的一層，但假若傳輸層與注入層的動作不佳，那麼，發光層的作用也將無法完全發揮，以下簡單介紹這個部分中所使用的材料。

◆傳輸層的材料——沿用影印機的材料

由於傳輸層（載體傳輸層）的位置介於發光層與注入層之間，使用的材料必須具有良好的電子或電洞傳輸性。雖然傳輸層有「電洞傳輸層」、「電子傳導層」之別，但實際上使用的材料爲次頁所示含有氮的烯丙基胺化合物，其中TPD爲最被熟知的材料，因此以下擬就TPD加以說明。

TPD爲影印機中已被使用10年以上的一種材料，係由全錄公司所開發並使用於該公司的影印機中。

城戶 NOTE

烯丙基胺化合物：簡言之，係在龜甲形狀之上附加氮的化合物，參閱次頁之圖。

主要的電洞傳輸性材料

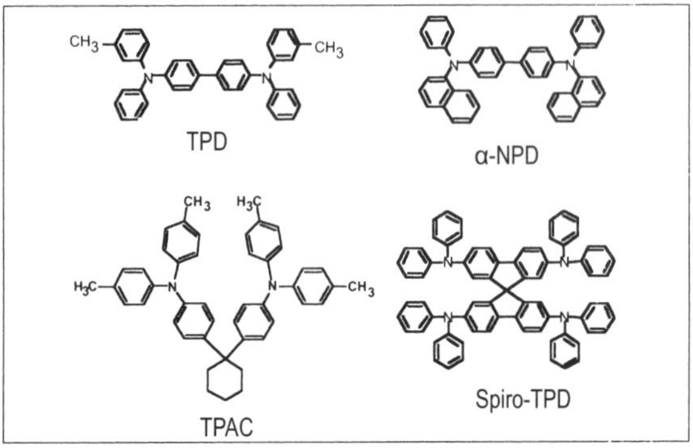

主要的電子傳導性材料

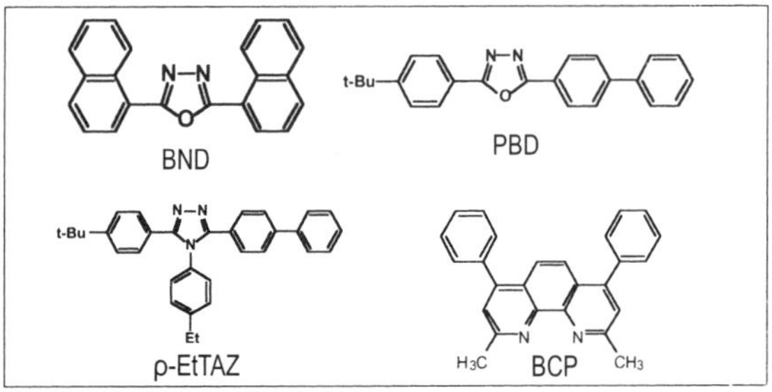

乍聞影印機，也許讀者立即會想起調色劑（toner），事實上這裡指得並非調色劑，而是塗布於圓筒上的感光材料，為一種OPC（organic photo conductor），雖無導電性，但在加上高電場之後，卻具有能夠流通電流的性質，也就是具有類似半導體的性質。當自外部注入載體時，便能夠流通電流，為移動度相當高的材料。這種材料也廣泛地使用於雷射印表機、影印機中。

從「使用移動度高的材料」便不難想像有機EL或影印機均使用相同的原理。

因此，若以類似的OPC材料取代電洞傳輸層中的TPD時，有機EL仍可正

城戶 NOTE

OPC 材料：由於有了這種材料，複印機或雷射印表機才得以降低成本，才能夠普及。

常動作，但若在有機EL中直接使用OPC時，其耐熱性與成膜性皆有所不足，故應予改變構造使提高壽命。

至於電子傳輸性的有機材料，迄今雖也開發出OPC材料，但眞正具實用性的材料仍未達成熟階段。其原因在於還原分子（獲得電子）的開發遠較氧化分子（釋出電子）的開發困難，因此，在有機EL上，電子輸送材料的開發遠遠落後於電洞傳輸性材料的開發。

如上所述，使用於傳輸層的材料可以沿用影印機產業所累積的專門技術，何種材料能夠快速傳輸電洞，何種材料能夠快速傳導電子——其相關背景、過去所累積的經驗等等，才是有機EL能夠在這10年之間獲得快速發展的的理由，在各種產業界的智慧、專門技術的護持之下方得以成長。

◆適於作注入層的材料

注入層夾於電極與傳輸層之間，也稱爲電極介面層，因此，其基本要件爲電子注入性或電洞注入性良好。另外，由於作爲無機／有機之介面，因此必須對雙方均有良好的相宜特性。由於有機EL係在容易沾水的ITO表面，也就是在具有親

「電洞注入層」中使用的主要材料

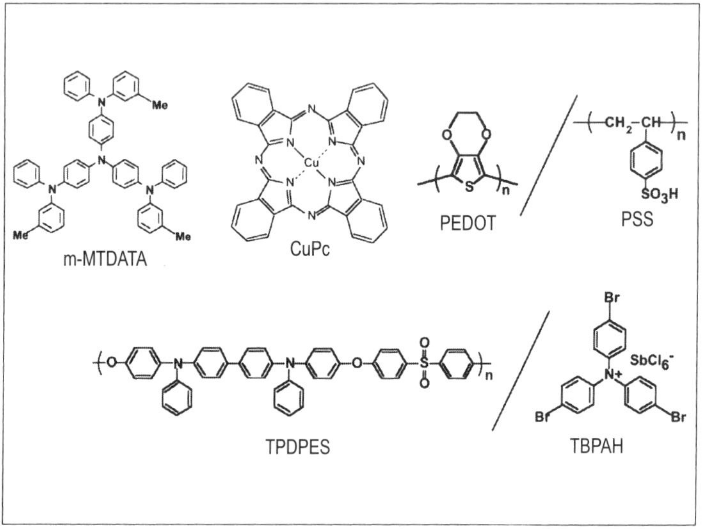

水性的ITO表面上附著油性的有機材料，因此相宜性遂變得相當重要。

在電洞注入層方面，高分子系與低分子系使用的材料不同，在低分子系的場合，可以使用與電洞傳輸層相近的材料，例如衆所熟知被應用來作顏料的銅鈦菁（Phthalo-cyanine）系或烯丙基胺系即其代表。在顯示器的量產上早已使用銅鈦菁，其耐熱性高，使用這種材料時，可以提高元件本身的耐熱性或壽命，烯丙基胺類也使用玻璃的轉移溫度高、耐熱性高者。

銅鈦菁系爲相當耐久的顏料，

城戶 NOTE

染料的場合色素能夠溶於水中；而顏料的場合則色素無法溶於水中

日本東海道新幹線的藍色塗料便是使用這種材料（類似油漆，爲附有顏色的有機材料）。因此，銅鈦菁系並非相當罕見的材料，與全錄公司的影印機一樣，爲使用於相當多地方的普通有機材料。

另一方面，在高分子系的場合便使用高分子系的電洞注入材料，通常使用 Poly-Thiophene（PEDOT 等）或 Polyanirin 等導電性的高分子。爲提高這些導電性高分子的導電性起見，可以利用酸（PSS）進行化學摻雜，而該種酸則能夠改變 ITO 的表面性質，提高電洞注入性；或在介面附近藉由發光層的高分子所造成的化學摻雜作用，使電洞的注入更爲容易。在 PEDOT 的場合，係從分散於水的狀態塗布於基板上，塗布之後，再塗布溶於有機溶劑中的發光高分子。從而，在形成發光層之際，可以在不使電洞注入層引起溶解之下製成極完美的 2 層構造，但使用能夠溶於有機溶劑類型的電洞注入層時便不如此簡單。

電子注入層的場合，由於一般使用價廉的鋁作爲陰極，因此在鋁與有機層之間插入鋰或鈣等功函數較小的金屬、氟化鋰或氧化鋰等金屬氟化物、氧化物，或無機物等作爲電子注入層。在有機物中，則使用鋰錯化合物。在這種情況下，雖然同是注入層，但各異其趣。

城戶 NOTE

功函數小的金屬：「功函數」將於次節加以說明，功函數小的金屬為「能以較低的能量使電子逸出之金屬」。

5 探尋適用於「電極」的材料

◆製造透明的電極

雖然電極有「陽極與陰極」2種，但至少其中的一方必須爲透明，否則便無法發出光線。透明電極一般使用ＩＴＯ（Indium Tin Oxide）製作，爲一種由銦與錫氧化後形成的材料。這種材料主要使用於液晶顯示器中。

只是，在與液晶相較之下，有機ＥＬ遠較液晶爲薄，因此，表面的平滑性（凹凸）便成爲不容忽視的問題。爲使表面平坦化起見，在玻璃基板附上ＩＴＯ膜之前，必須先行研磨玻璃基板，否則將造成ＩＴＯ膜有凹凸現象存在。被動式顯示器的場合，普通價廉的「藍玻璃」已能夠滿足需求，雖然這種顯示器也必須確保其透明性，但並無需使用高級的無鹼玻璃等。爲使金屬離子不至於自玻璃移動至ＩＴＯ

城戶 NOTE

凹凸性：ITO之前所開發之產品為「nesa膜」，為氧化錫（SnO_2）之膜。雖然能夠以簡單之製程加以製造，但存在著凹凸性的問題。

起見，玻璃與ITO層之間須再加上一層由二氧化矽所形成的薄膜作爲阻障壁。

使用於電極的材料應考慮重點爲：

●陽極宜使用「功函數較大的材料」

●陰極宜使用「功函數較小的材料」

ITO的功函數與電洞傳輸層所使用材料的HOMO準位、充填電子之順位相當接近，容易自有機物吸取電子，也就是容易注入電洞的材料。因此，一般書上多指出陽極側之電極使用透明的ITO。

反之，陰極側的場合，由於是在有機分子的LUMO準位下注入電子，因此從功函數的角度而言，宜使用功函數較小的材料。功函數較小的材料有鎂、鋰等，一九八〇年代末期便經常使用含有這些金屬的合金。

現在陰極電極大多使用價位更低廉的鋁。雖然價廉易於使用，但從功函數之角度而言，由於鋁較鎂或鋰爲大，故不能稱爲最好的材料。爲了補償鋁的功函數起見，因而加上「電子注入層」之介面。實際上則是配合使用鋰或鈣等金屬、氟化鋰、或氧化鋰等氟化物、氧化物等。也就是使用這些注入層與鋁電極的2層構造方式。另外，由於注入層僅作爲有機層與電極間的介面，只是協助電極的電子注入作用，因此其厚度極薄，約僅〇・五毫微米～一・〇毫微米而已。尤其是當使用絕緣體的氟化物或氧化物時，若厚度太大將反而抑制電子的注入作用，元件特性隨之劣化，因此有必要控制薄膜的厚度。

最近已知，鋰或鈣等所構成的注入層能夠與有機層產生反應，也就是化學摻雜反應，反應後形成的有機物游離基呈陰離子（radical anion）狀態（亦即接受電子之狀態）即為電子注入有機物中的狀態，在這種狀態之下與金屬反應方才形成介面。現在已瞭解氟化鋰等反應性較低的化合物將被加熱蒸鍍的鋁所還原而形成鋰金屬，然後再與有機物進行反應。從而，陰極介面之注入層可以說具有用來促進陰極介面層上所進行的有機物還原反應之作用。

◆「功函數小與大」的意義

前已提及「功函數大」、「功函數小」之詞，究竟代表何種意義，特別在此加以說明。

簡要言之，例如，當施加能量於金屬藉以驅使電子自金屬逸出時，「電子逸出的容易度」便叫功函數。「功函數小」意即只需較小的能量便能夠使電子逸出。換句話說，「電子容易自金屬逸出」便表示該金屬的功函數小。也表示在與有機物反應時，容易使有機物還原。

反之，由ＩＴＯ的例中可知，「功函數大的材料」指得是「容易拉攏電子」，也就是容易擄獲電子。

功函數——使電子逸出的容易度、拉攏電子的容易度——依金屬而異。鹼性金屬的功函數相當低，因此容易逸出電子，其次爲鹼性土類金屬。從周期表的位置可知，在功函數上，與鋰（鹼性金屬）或鎂（鹼性土類金屬）相較之下，鋁處於相當的劣勢

鋰的功函數爲二・七eV、鋁爲三・八eV，數値愈小的金屬愈適用於陰極，數値愈大則適用於陽極側。

城戶 NOTE

eV（electron volt）：譯為「電子伏特」，為原子或原子核能階中使用的單位。

6 「基板」爲全體的基盤

◆明日之星的「塑膠基板」尚待解決的問題點

現在使用的基板皆以玻璃製作，事實上基板的主要作用僅是「支持元件」而已。由於必須透光，故對於基板的唯一需求爲「透明度」良好，若合乎價廉以及透明的要求，則使用玻璃以外的材料也無妨。實際上，現今業界已將目光投注於塑膠上。由於塑膠具有輕、薄、以及不易碎裂等特徵，若價格較玻璃便宜時，則塑膠也具有作爲基板的條件。

問題在於塑膠對高溫的承受力較低。雖然在常溫中進行有機膜的成膜作業；但ＩＴＯ在成膜時，若溫度不升溫至二〇〇℃左右，則無法獲得高導電性。從而希望自玻璃基板轉移至塑膠基板時，便應設法使承受溫度能夠達到二〇〇℃以上。另外，在使用低溫多晶矽TFT主動式顯示器的場合，雖說TFT之製程中使用低溫，但也必須加熱至六〇〇℃左右的溫度，對於塑膠而言爲相當難以突破的問題。現今之階段，被動式顯示器的場合，高耐熱性的高分子塑膠板已堪作基板之用。

另一項問題爲塑膠板在溫度之外的問題。也就是針對大氣的阻障性（保護性）問題。塑膠板的阻障性顯然較玻璃板爲低。由於基板爲製造有機EL所有元件的基盤，該問題無寧是一個相當大的缺陷。若採用塑膠板時，無論如何有必要對於遮斷水分、溼氣的能力採行萬全的對策。而對策之一爲「在塑膠基板上附加保護膜」以補其保護性之不足。

實際上，在提及應使用何種保護層時，經常被考慮的是類似二氧化矽（SiO_2）這種無機氧化物或無機氮化物的薄膜。稍微瞭解化學的讀者必然立即意識到，其實「二氧化矽膜」就是玻璃膜。

基板採用塑膠板之立意雖佳，但其上方仍需附加一層相當薄的玻璃層作爲補強。塑膠板現階段之下並無法具有玻璃一般的保護性，因此不得已加上與玻璃相同成分之膜加以對應。

也許有讀者認爲「這何異疊床架屋，何不開發保護性高的塑膠板以解決問題？」但這種想法顯然不切實際。當然，若能夠開發出價廉的產品自是美事一樁，但現今階段欲開發出與玻璃匹敵且保護性高的塑膠，無論在時間、技術方面均不符經濟利益。不過，現今已能夠製出厚度相當薄但韌性相當強的塑膠，在其上方被覆一層玻璃薄膜並非難事，成本也應該能夠加以解決。

必要時附加一層薄膜即可，當然也可以將考量的方向轉移至不同的功能方面。假如製品在有機EL或液晶以外之範疇具有大量販售的遠景時，問題便另當別論，在有這種需要時，當可立即投入開發，問題很快地便將迎刃而解。

◆採行頂部發光時，陰極便需使用透明的電極

「陰極側使用金屬、陽極側使用ITO」為現今所採行的構造。光自陽極通過基板發出（底部發光）；反之，若光自陰極側發出（頂部發光）時，情況便有所不同。光自陰極側發出時，陰極側便需使用透明電極。陰極遂有必要使用ITO。這時，由於ITO的功函數大，缺乏電子注入性，因此ITO介面宜附上鎂或鋰等薄膜進行陰極處理。

不過，ITO係利用濺鍍法形成，與蒸鍍法相較之下，為相當粗糙的方法。這

城戶 NOTE

若已遺忘頂部發光或發光面積率的讀者，可參閱第3章第2節。

種方法係利用眞空中產生的電漿碰撞作爲靶材的ＩＴＯ，使飛出之粒子附著於基板上的形成方式。

本來的有機膜就如同人體的肌膚一般，爲相當細緻的薄膜，其上方利用濺鍍法粗糙地噴出ＩＴＯ粒子時，細緻的有機膜層將呈現凹凸而造成損傷。類似這種「在有機膜上方附加ＩＴＯ」的作業可謂相當困難，這方面的研究現今正進行之中。

至於何以有這種需要的問題，就以現在的情況爲例，若採取以往的方式，在玻璃板上附加有機 EL 元件，光自陽極發出（底部發光），這種結構在發光的機制上雖無任何問題存在，但在主動式的場合，便將發生由於發光面積率因 TFT 而減少的缺點，假若將發光元件形成於 TFT 上，而從頂部發光時，便可以解決發光面積減少的問題。

因此便有從陰極側發光的需求，也因此成爲應予解決的課題以及待開發的技術。

城戶 NOTE

筆者等人已成功地使用對向靶材濺鍍法，在有機膜上方形成 ITO 膜。

7 究竟低分子較佳或高分子較佳？

◆重新探討低分子系與高分子系之優缺點

本章之末擬就低分子與高分子系雙方的優缺點加以比較。這一問題為筆者常被問及的問題，擬在這裡一併作出答覆。

首先比較製造上的優劣點。低分子系方面已多次談及，係採用眞空蒸鍍方法。包括陰極在內，總共蒸鍍5～6層的有機膜或電極材料。現在使用的成膜裝置，係針對各層分別以一眞空室進行蒸鍍作業，其間則以輸送路徑連結，基板被輸送至各相關的眞空室。基板在眞空室內轉動，期使獲得均一的薄膜厚度。若採行這種方法製造，那麼在製作RGB三顏色的顯示器時，包括預備室在內，總計需要10個眞空室，生產線的大小將相當龐大，當然裝置的成本亦高。

城戸NOTE

第38頁之註中曾提及究竟應該採用「低分子系或高分子系？」，其答案便在這一節中

另一項不易解決的難題爲有機材料利用效率相當低，僅數%而已，且蒸鍍速度緩慢，產量低，基板尺寸多在40公分以下，製造成本因而較高。另外，使用遮光罩方式製造RGB顯示器時，光罩位置的精度也將形成問題，高精細化因而較困難。

另一方面，高分子系的場合則利用噴墨印刷方式製作 RGB 元件，使用一套噴墨印刷裝置，電子注入層與陰極成膜用的眞空室也分別只需一室即可，裝置全體的成本遠較低分子系爲低。另外，墨水係根據需求而塗布於基板上，並不造成浪費。且印刷精度高，適宜高精細顯示器製造，基板尺寸也能夠達 1 公尺方形的大小。就有機 EL 顯示器的製程而言，高分子系的噴墨印刷方法應屬最上乘方法。

雖然如此，高分子系並非萬能。低分子系的發光效率高，壽命長，但高分子系則效率較低，至於壽命問題，尤其是發出藍色光的壽命較短，還尙未達實用的水準。也就是在材料的特性上，低分子系較高分子系爲優。

◆「低分子系之其次」才是高分子系

在材料開發的速度上，也以低分子系較爲快速。低分子系已開始量產，商機大，參與的廠家亦多，由於每一層分別具有各自的功能，因此只需開發特定功能的材料即可，材料的開發較爲容易。反之，使用單層構造的高分子系，每一個高分子必須同時兼作電子與電洞的傳輸、且必須具有高發光效率、成膜性良好……，必須同時滿足多項要求，因此其開發較爲困難。爲使高分子的特性趨近於低分子系起見，投注於開發上的資金與人力較大，在商業上較爲不利。

對於高分子系而言，最棘手的問題爲：當低分子系顯示器持續投入市場時，後起的顯示器製造廠也以量產爲目標，必定傾力專注於低分子系。如此一來，高分子系材料的需要量逐漸降低，結果，材料製造商可能被迫停止開發高分子系材料。

這種惡性循環開始時，經營高分子系顯示器之製造廠家以及材料製造廠家逐漸消失也只是時間上的問題。當不再有人開發材料時，便無法製造面板；無面板製造廠時，材料製造廠也就失去製造材料的意義。

不過，如上所述，藉由塗布方式製造顯示器已成爲現今的「極限技術」。我們決非有意在此熄滅高分子有機 EL 之火花。不過就「現階段」而言，高分子系與低分子系兩者已非處於競賽之中，而是「低分子系之其次才是高分子系」。

在有機 EL 的世界裡，全體應有如下的共識，也就是必須孜孜不息以 5 年後、10 年後達成實用化爲目標，設法提振技術層次，而非急於事業化。

城戶 NOTE

低分子系 VS 高分子系：現今，若高分子系與低分子系競爭，必然敗下陣來，相信 5 年後，高分子系之有機 EL 必須消聲匿跡。

第6章

尚待解決的課題是什麼？

1 長壽命化

◆壽命已從數分鐘延長到10萬小時以上

如前所述，有機EL具有「色彩美、亮度高、厚度薄、視野角廣」的特徵，所有的特性皆凌駕於液晶之上。一旦達到量產水準之後，價格必定能夠降低，即使是今日，咸信也能夠立即取代液晶。更由於其超薄，因此可以製成能夠捲曲的顯示器。

這種極吸引人的有機EL，所面臨的課題仍然是「長壽命化」。就以薄膜顯示器爲例，現在雖然仍在試製階段，但許多有機EL的商品在二〇〇三年開始進入製品化，可以說已到了「起跑」點，在這種關鍵時刻，長壽命化無疑是呈現在眼前的緊急課題。

如序章中的說明，一九八七年，柯達公司的唐氏開始實驗之際，有機EL的壽命只是短短的數分鐘而已。當初，柯達公司內認為有機EL「不堪使用！」也許是情非得已。但在經過數年後的90年代初期，日本的有機EL研究者所付出的心血已然奏效，壽命已從10小時延長至一〇〇小時；二〇〇三年的1月則已達10萬小時以上。

由於有機EL劣化的機制已一一的被瞭解並加以克服，終於得以慢慢地延長其壽命。以下茲就有機EL的「劣化模式」加以介紹，大致上可分為2種。

◆診治黑斑！

第一為「效率逐漸降低」的劣化問題。雖然驅動的電流密度相同，但亮度卻徐徐降低、緩慢變暗。本質上，這種問題屬於元件劣化的問題。

第二為發光面上四處呈現所謂「黑斑」的問題。黑斑與TFT液晶上常見的「畫素缺陷（不發光點）」不同。畫素缺陷為TFT液晶或TFT有機EL中常見的問題。當有若干個缺陷存在時，便被列於「缺陷品種」而不能成為產品。但黑斑則與此完全不同。

城戶 NOTE

黑斑：亦稱為暗點

最初，黑斑的範圍極爲微小而非人眼所能見，在使用若干時日之後，便在畫面的四處呈現不發光點的現象。黑斑之所以棘手在於其大小逐漸增加，最後導致整個畫面呈黑暗狀態。

黑斑爲最早被解決的問題。何以會產生黑斑？在探尋其原因時，研究人員瞭解了其中存在著以下的機制。

基本上，黑斑爲「電極」或「電極表面」的問題。如前章的說明，電極材料使用功函數高的材料（容易反應之材料）時，進入元件內部的溼氣（水分）將與電極材料造成反應。

例如鋰等反應性高的材料反應之後成爲氫氧化鋰；或者在活化狀態下，電極介面的有機分子與水反應而變性時，與水接觸的部分便與其它的材料不同。如此一來，原來在鋰的狀態下能夠進行電子注入的作用，但在氫氧化鋰的場合，便失去電子注入的作用。

由於已無電子到達，結果便造成「無法發光」的現象。已變性的分子再也無法輸送載體，因而該部分無法注入電子而「無法發光」——這便是引起黑斑的原因。只要水分子侵入元件內部，這種不發光的面積便將逐漸擴大。

若能夠完全遮斷溼氣時，便能夠抑制黑斑的成長，也能夠因此延長壽命。因此使用「密封容器」對有機ＥＬ元件加以封裝，並在其中放入乾燥劑，使有機ＥＬ元件與溼氣隔離。先鋒公司也正爲此一問題盡力搜尋對策，現今，黑斑問題大致上已完全獲得解決。

◆「污髒」爲黑斑的產生原因

在演講會等場合，曾有人提出：「即使在密封容器中放入乾燥劑以吸收溼氣，但其效能不是僅有１年光景？」的意見。筆者認爲這是一般家庭用乾燥劑所根植的觀念而來。確實，家庭中使用的乾燥劑效能大約僅能夠維持１年左右，主要原因爲該乾燥劑使用於空氣中。

有機ＥＬ元件由於被

正常發光的場合

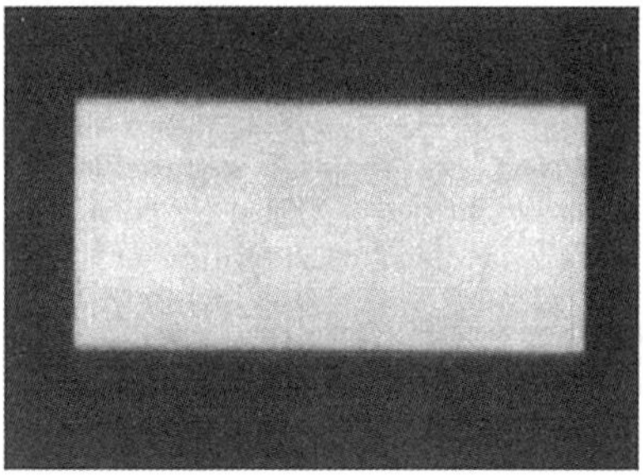

發生黑斑的場合

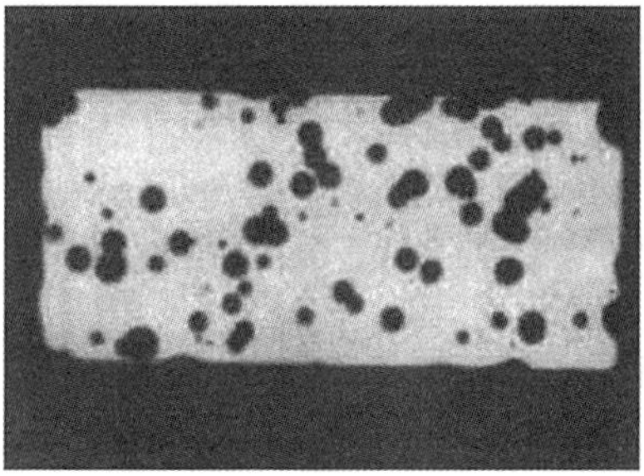

城戶 NOTE

黑斑之問題已完全獲得解決：由於如此，方能夠從廠家獲得上方之照片。

密閉於密封容器或以密封劑阻絕空氣，因此不應有太多的空氣進入，在使用環境上，與家庭用有顯著的差異。通過密封容器或藉接著劑的縫隙進入的溼氣量極其有限，即使利用現在的乾燥劑也具相當的乾燥效果。

如上所述，針對黑斑有關的問題，今已有良好的解決對策，仔細檢視最初發生的黑斑時，可以發覺該處有塵埃存在。

本來，包括電極部分，元件的膜厚僅有二〇〇至三〇〇奈米（〇・二～〇・三μ）而已，若基板在製造工程中上留下數微米的塵埃時，該部分的薄膜將會產生微細的間隙，水分便從該處進入，與電極造成反應而形成黑斑。濕氣一旦進入之後，便將侵入其四周。因此，存在黑斑之處，自始便已然呈現微小的不發光點，然後緩慢擴展。從而我們可以獲得一項結論，那就是「若原來便無黑斑存在之處，便不會形成黑斑」。

當然，元件係在無塵室中製造，與半導體或液晶的製程相同，並無法完全阻絕塵埃。雖然無法使塵埃達到0的程度，但藉密封容器（乾燥劑）便可能阻止溼氣造成的反應。

城戶 NOTE

分子中注入電子。在半導體等電子工學中多使用「注入電子」一詞；而化學的世界中則稱為「還原」。另外注入電洞一詞，在化學的世界中則稱為「氧化」。領域的不同使用之辭彙亦異，實有必要予以統一。

◆如何防止發光效率的降低？

以下擬探討「發光效率降低」的問題。

這個問題也有多種原因存在，元件壽命已達數萬小時的現在，目前最大的問題在於「由於副反應所導致有機材料的劣化」。有機物不斷進行釋出電子（還原反應）或擄獲電子（氧化反應）時，若該化合物在過程中引起某種副反應時，其構造便將發生變化。

原則上，假若構造改變之後仍然照常發光，便不致造成問題，但事實上並非如此，構造改變之後，通常皆會變爲不發光物質，甚至變成消光區域使全面黯然無光。其結果便造成發光層本身的發光量子效率降低。因此，消光區域增加時，發光效率愈形下降。或者形成電子或電洞等電荷載體的陷阱區域，也就是變成擄掠電荷的狀態，全體的移動度便會因而降低，以至於必須提高驅動電壓方才能夠增加亮度，這種結果又將使載體的注入平衡造成崩潰，載體再結合的效率下降，發光效率也因而愈形下降。

引起副反應的原因，除了材料本身氧化還原時的「不穩定」之外，混入雜質也是其中的原因之一，也就是由於水分或其他雜質的反應而造成副產物。因此，使用

城戸 NOTE

夾雜著雜質：雖尚未獲得清楚的瞭解，若同時自 A、B、C 三公司購買相同的材料，由於精製之方法稍異，材料性質將有些許的不同。應用該等材料製作面板時，經常有壽命不同的情況發生。因此，純度為一項重大課題。

材料的純度變得相當重要，但遺憾的是有機物純度目前並無法達到無機物半導體一般的水準。只能反覆藉由昇華精製的方法以徹底地提高精度。所以今後不僅是有機EL而已，如何確立提高有機材料純度的方法，將成爲開發有機電子元件上所不可或缺者。

有機膜中的水分問題，更是高分子系元件亟待克服的課題之一。由於發光層之製作係由溶液所塗布，即使溶劑中所含的水分或雜質極爲微量，但殘存於膜中的可能性相當大。成膜後的烘烤或使用高純度之溶劑遂極爲重要。另外，現在高分子系之元件所使用的陽極緩衝層材料，係在水分呈分散狀態下塗布，因此不易完全去除水分。關於這一點，在水分或雜質的問題上，採用乾式製程的低分子系較高分子系占優勢。

發光效率降低的原因中，尚有「結晶性的問題」或「凝聚」等問題。尤其連續使用於高溫之下，膜質或將產生些許的變化。原來最初是相當完美的薄膜，當溫度上升時容易呈現結晶化，表面存在著凹凸現象，或薄膜中的分子引起凝聚狀態，光線便有可能在該部分消失。其對策爲開發材料時，避免容易結晶化或凝聚的構造，現今大致上已完全解決這種問題。

利用加速試驗所測的「壽命」（半衰期）

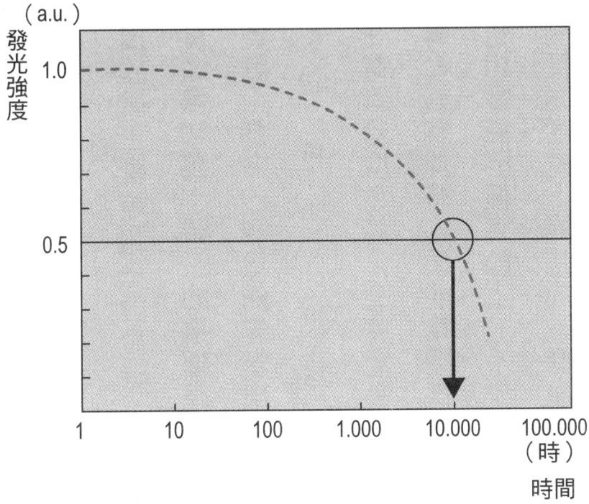

結果，長壽命化的對策，可以說是上述各種問題的總合對策。僅是延長發光層的壽命並於事無補，與電極間的介面若不穩定也無濟於事。注入層、傳輸層等，所有的薄層皆達到最適化之後，方才能夠達成長壽命化。

從這種長壽命化的觀點而言，就如同低分子系所作的努力一般，現今的狀態係以最適當的材料組合達成多層化，分別塗布膜面，並徐徐圖謀改良。

反過來說，如高分子系那種「所有條件皆由單一材料一肩挑」的單層方式，雖然製作相當容易，但在長壽命化上則極難有發揮的餘地，材料的選擇極爲困難。

◆「壽命」的定義與「加速實驗」

歸根究底，長壽命化的關鍵仍然在於元件的「壽命」。前已說明，壽命指得是

城戶 NOTE

電流密度：每單位面積（例如 cm^2）通過的電流大小。

「亮度低減至一半的時間」，以下擬藉由曲線加以說明。

現在假設以5 mA／cm²的電流密度使5毫米四方形的元件發光。最初的亮度可達一〇〇燭光。這時該元件的「壽命」指得是亮度減至50燭光爲止的時間。假若亮度減半爲止的時間爲10萬小時，那麼，該元件的壽命即爲10萬小時。

二〇〇三年時，假若初期亮度爲一〇〇燭光時，有機EL的壽命大約爲數萬至10萬小時。研究專家希望能夠一舉使壽命延長1個位數的時間。由於八〇〇〇小時爲一年，10萬小時時間其實已超過10年的壽命！

由於眞正實際測量壽命時，將耗時10年的時間，因此「初期亮度一〇〇燭光下，壽命爲10萬小時」的這種說法其實並不實用。

實際上壽命的測量係先求出「加速係數」後，藉由該係數推測其壽命。例如，使用5 mA／cm²、10 mA／cm²、25 mA／cm²、100 mA／cm²等4種電流密度測量其壽命的場合，在電流密度愈高，亮度愈高的情況下，壽命的低減也就愈快。若描繪出電流密度與壽命的關係時，便能夠獲得其間的關係曲線。電流密度高的場合，雖然發出的亮度也相當高，但實際上並不會使用這種高亮度，我們只是利用這種高亮度之輸出狀態測量亮度減半的時間（壽命），並將之換算爲實用的亮度後，便可獲得「使用

城戶 NOTE

加速實驗之值：在高溫等苛酷環境中試驗，然後換算為常溫下的壽命

的年限」。

「10萬小時」當然不是使元件眞正發光10萬小時，相信無人認爲「持續使元件發光達10萬小時的時間」，材料製作廠家提出的「能夠發光若干年的材料」均爲加速實驗之值，指得是「發光時間很可能達10萬小時」。

當然，材料製造廠家也能夠提出「10萬小時」的證據資料。依廠家的不同，測量的條件、測量方法等雖有若干不同，但基本的方式並無不同。

2 「大型化」的妙招

◆能夠沿用液晶的全部技術

在考量使用大型有機 EL 顯示器的電視時，其大型化的瓶頸究竟在於何處的問題，首先被提出的話題應爲「TFT 基板」，關鍵點在於大型 TFT 基板的量產是否可行的問題。

由於現階段被動式顯示器的基板最大尺寸約爲四〇〇平方毫米左右，實際在考量各個面的情況時，實用的尺寸也只是其四分之一或二分之一。因此，合理的尺寸在2 吋至 4 吋之間。在這種尺寸之下，多晶矽 TFT 基板應該已能夠達到量產的標準，但想要邁入大型化時，則大型基板的實現便爲首要之要務。

由於現今已能夠量產使用非晶矽 TFT 的40吋級液晶顯示器，因此基板的取得並無任何問題。從而，現階段使用非晶矽之大型顯示器的製造技術已相當純熟，咸信以非晶矽TFT驅動20～40吋大型有機EL顯示器的製作只是時間上的問題。

一般而言，所謂大型顯示器指得是30吋以上的顯示器，有機EL的場合，其大型化的可能性其實較液晶爲大，也就是60吋～100吋之顯示器利用被動驅動方式加以驅動。現階段係採行上下2部分的驅動方式，在這種大型顯示器的場合，可以考量分割爲多數個部分，分別予以驅動。如此一來即使未追加TFT，也能夠使用塑膠薄膜製成超大型的薄片顯示器。

有關於全彩色方面，小型的場合可以採行低溫多晶矽驅動；中型至大型則使用非晶矽TFT驅動，而超大型則採行分割驅動的被動式驅動方式。

◆大型的場合可考慮採行線型源方法（次世代的成膜法）

雖說是「大型」顯示器，但在材料的開發上其實並無特別之處，其關鍵無寧是在於製程中如何蒸鍍均一的薄膜，主要的原因在於當基板尺寸愈大時，形成均一薄膜的困難度愈高的緣故。

而逐漸顯露出曙光的方法爲「線型源（linear source）法」或「線源（line sou-

城戸 NOTE

日本現在已列出國家計畫，以研發用來驅動有機 EL 的有機電晶體（TFT），預期將來能取代以矽為基石的TFT，如此一來，自2吋的小型至100吋的大型顯示器皆可利用TFT予以驅動，當然，使用的基版為薄膜基版。

rce）法」，爲眞空蒸鍍法的一種，ULVAC便已步入商品化。

在蒸鍍法中，將欲形成薄膜的材料置於熔爐中，藉由加熱、氣化使蒸鍍於基板上。基板係由一具熔爐所蒸發的氣化材料「＝點源」進行蒸鍍。假若不使用上述的點源而採用「線源＝linear source」，而以連續的開口形狀進行蒸鍍時，便稱爲線型源法。

以往，基板皆置於稍微離開熔爐的位置，並在蒸鍍室中緩慢轉動。但線型源方式時，則基板只需通過其上方便能夠完成蒸鍍。例如以點源方式進行40吋之成膜作業時，容納基板並使之轉動的眞空蒸鍍機（chamber）必然具有相當龐大的體型，但以線型源方式進行40吋的成膜作業時，只需小型的蒸鍍機即可。而且，將若干線型源並列時，便能夠連續進行多層的成膜作業，這種方式很可能成爲次世代有機EL的成模方式。

線型源的結構

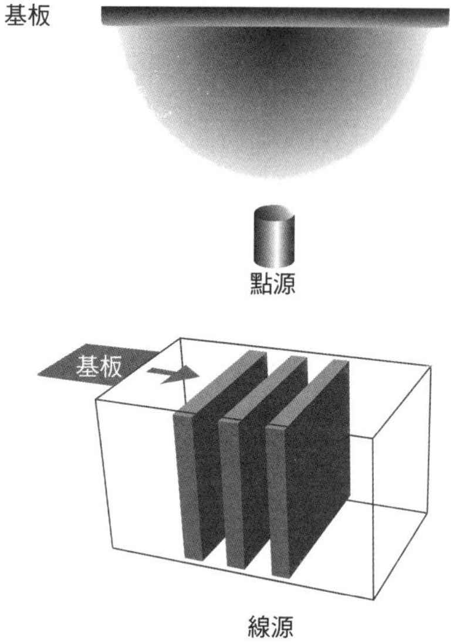

城戶 NOTE

線源：筆者等人與特技公司共同研發的特殊熱牆法作為線源之方法

另外，高分子系（polymer 系）的場合，則相當適用 EPSON 的噴墨方法。使用這種方法時，即使相當大的尺寸也無任何困難。

因此，關於有機 EL 顯示器的大型化方面，大致上採行下列的方式：

①40吋為止的尺寸：採行非晶矽 TFT 的主動式

②40～100吋的超大型：被動型，多分割驅動

③低分子系：線型源的蒸鍍技術正進步中

④高分子系：採行噴墨塗布方式

各種最佳之方式現今仍在探討中。

3 「高效率化」之探討

◆提高內部量子效率

爲使能夠提高發光效率起見，可以採行以下的兩種方法：第一、使用磷光材料以提高發光材料的量子效率；第二、使用多光子元件，這種方法爲最新穎的方法。在原理上，多光子元件係原來的元件予以縱方向重疊串列而成。

如次頁之圖所示，在陰極與陽極之間插入「電荷產生層」，當加上電壓時，能夠產生正電荷（電洞）與負電荷（電子），並注入相鄰的發光單元，藉由外部注入的電子與電洞兩者之再結合而發光。如此，光子之量將較僅由內部電荷所產生者爲多，若加入1層電荷產生層時，量子效率將成爲以往相同元件的2倍，加入2層

城戶 NOTE

多光子元件：筆者與神奈川縣之愛玫斯公司共同開發的新技術。

內部量子效率爲 200 %或 300 %的多光子元件已非夢幻之元件

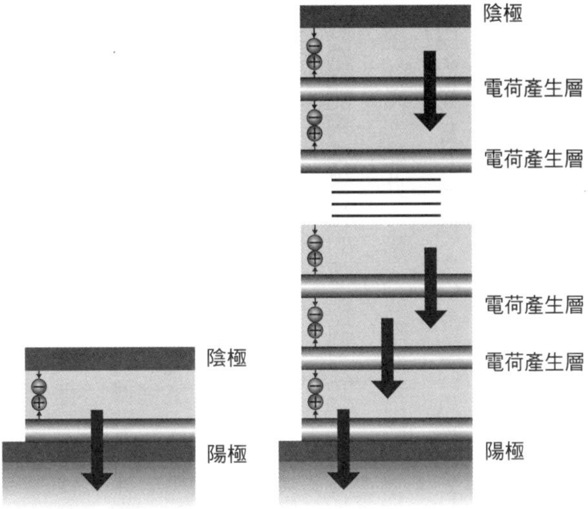

時爲3倍、3層時爲4倍、……，量子效率逐漸增加。

因此，在可以預見的將來，內部量子效率達百分之三百這種使人震驚的元件將可能問世。與以往的元件相較，雖然希望獲得相同的亮度時將提升些許電壓，但電流只需原來的數分之1即可。縱然使用於高亮度之下，也可以獲得較長的壽命。在使用於照明的場合，仍可使用一般家庭的一一〇V電源，並無驅動電壓的問題。

◆洩漏光線之抑制

與第一項「提高量子效率」有關的事項有2，即

①內部量子效率

②外部量子效率

元件內部所發出的光之中，只有一部分通過基板釋放至外部。造成光損失的原因之一爲：光在基板內部一面反射傳導（導光），一面朝橫方向洩漏所致。既然特意產生較多的光，但卻造成洩漏現象，這無疑是相當嚴重之事。其對策爲在發光側的玻璃表面，附上極細小的透鏡等構造物，使橫向行進的光能夠變換方向而朝前方釋出，也就是採用與液晶顯示器背面光的導光板類似的技術。

現階段能夠獲得光的效率約在20～30％，若施加這種微細透鏡的對策時，咸信可以增至50％。如此一來，效率便可提高2倍。效率提高2倍意味著消耗電力減半。以白色光EL爲例，現今的白色光EL便能夠達到與日光燈相同的水準。

◆膜的厚度並非「愈薄愈好」

爲使降低驅動電壓起見，首先的要點爲開發載體移動度高的材料。也許有部分

讀者認爲「儘可能減少薄膜的厚度」方爲良策。

確實，減少薄膜的厚度時，可以降低驅動電壓，但膜厚愈薄時，將導致效率成比例降低，以及穩定度下降，容易造成短路等多種缺點，事實上，這種方法並不切實際。

現在，有機 EL 元件的膜厚（各層厚度的總合）約在一〇〇～二〇〇奈米（nm）之間。因此，若欲更加減少薄膜厚度以降低驅動電壓時，勢必挑戰50奈米的厚度，不過其結果只是徒增短路的機會而已。

何以膜厚愈薄時更容易造成短路的問題，其原因在有關「黑斑」一節中已稍作說明。當塵埃附著於基板上，或ITO稍有突起時，便將造成洩漏電流而容易引起短路現象。也就是有機膜覆於塵粒之處，在其上方形成電極膜（陰極）時，便將由於塵埃的緣故，金屬容易進入未覆有機材料的部分，結果便造成短路。

◆最適當的膜厚爲一〇〇～二〇〇奈米的理由

現今，修護短路的技術已相當成熟，當發現塵粒時，可以利用雷射光一一予以燒毀。具體而言，數枚大型的基板組成顯示面板，若發現其中有不發光的處所存在

城戶 NOTE

厚膜也可以使用較低的驅動電壓：筆者與愛玫斯公司，利用化學摻雜的低電壓化方法進行研發。利用摻雜金屬（鋰或銫）之方式使提高有機膜的導電性。驅動電壓顯著下降，因此雖然是厚膜，但可以降低驅動電壓。

時，可以藉顯微鏡利用雷射燒毀塵埃或污物，也許有人認爲如此的作法近於繁瑣，但在提高產量上，該種方法不失爲相當可行的方法。

膜厚薄至某一程度以下時，衍生的問題並非只是短路而已，發光效率也將隨之降低。即使注入了多數的電子與電洞，由於膜厚太薄，以至於無法有再結合的足夠空間。也就是膜厚不可太厚，但也不可以太薄。厚度薄至一定程度以下時，負面因素將隨之增加，因此，現階段適當的膜厚爲一〇〇～二〇〇奈米之間。

在研究所層級，已達成薄膜厚度的最適化，其間存在著所謂的優異數據（champion data）。例如前曾發表「一〇〇奈米之膜厚爲最佳」的報告，雖然並無道理，但在工廠中量產時，爲安全計，「膜厚宜爲一三〇奈米」。換言之，即使最適當的膜厚爲一〇〇奈米，但在考量其中所存在的負面因素之後，取「安全」之值方爲量產時的上策。因此，驅動電壓也都較論文上所載的電壓稍高，爲提高產量起見，這種處置確有其必要。

第7章

如何使有機ＥＬ立於不敗之地

1 有機EL有無勝算機會？

受到唐氏論文的衝擊（一九八七年），經過15年後，在有機EL的世界中，看來唯有日本的企業撐起一片天地。

歐美的動作則較爲遲緩，而我國、南韓等的登場也只是近數年而已，那麼應該是「看來次世代的有機EL是日本的世紀……」才對，但眞的是這樣嗎？

◆日本走在最先端，不過南韓已急起直追

例如南韓的三星SDI，便曾在一九九八年派遣研究生至筆者的研究室。在這些研究生來到研究室時，筆者估計三星SDI本身大概已有10人左右的有機EL研究人員，在這一個範疇中，現在可能已有四○○人左右的研究人員。

南韓企業的特徵爲開始時的步調相當緩慢，但一旦決定「開步走！」之後便徹

底地全力衝刺。實際上，三星SDI與NEC合作的公司已在釜山成立，NEC近十數年累積有關於有機EL的專業知識、半導體技術、光罩位置對準的專業技術等已悉數移轉至釜山。此外，該公司向日本的材料製造商購買有機EL材料，也向日本採購先進的設備，使用日本的專利（日本獲得最多的專利），而且也網羅了一些包括三洋電機、先鋒公司或EPSON等有機EL的關鍵人材。

如此一來，南韓的三星SDI不就是將日本所汲汲經營、所構築的包括硬體（裝置，材料）、軟體（專利，專業知識）以及相關的開發人士，也就是將「有機EL的所有尖端人與物」等，悉皆網羅至其公司？不僅如此，在一個企業團中，特別針對有機EL的研究人員即達數百人，投下數千億圓的龐大資金！就從獲利的角度看來，其數額顯然與日本的電機製造廠家差了將近一個位數之譜。

從深入瞭解「有機EL爲次一世代的明星」階段，便開始在「人、物、金錢、資訊」方面大力投入資源，亟思一口氣追上日本……這就是現今南韓的現狀。

現階段下，可以說「南韓＝三星SDI」（LG在時間上稍微落後）。因此，對於日本而言，必須正視「如何勝過三星SDI」這一個問題。三星SDI挾其強大的資本，給予優秀人員高薪，購買與日本相同等級的裝置設備。就總體而言，人工費用與土地費用較日本便宜。相同水準的製品，南韓方面占有絕對優勢，且國民性強悍，如何對付這種強敵實爲相當棘手的問題之一。

鋼鐵、電氣、半導體、液晶……，連續敗下陣來的日本，21世紀中唯一具有勝算的技術「有機EL」是否已顯露勝機？雖言「有機EL能夠使日本復活」，但筆者已直覺的察覺到「烏雲顯然已隱約可見！」

◆台灣有自己的作法

我國則採行與南韓不同的競爭方式。不若三星或LG那種與日本製造廠一樣注重累積技術的南韓方式。南韓方式的場合，半導體或顯示器皆自基礎部分開始製造，對於次世代主力產品的有機EL，南韓確實能夠從根加以掌握。

但我國則更具有商業的嗅覺。「已成功地發展記憶體或CD-ROM了，接著應該朝向什麼方發展呢？嗯！看來有機EL相當不錯！」國內就是以這種經緯投入資金，這就是台灣。CD-ROM與有機EL是兩個完全不同的領域，但有的是資金。由於沒有基礎的技術，因此，眼見某種產業已臻成熟時，便購買日本產量高的機器設備，也向日本購買材料然後進行量產……的方式。

與日本、南韓不同，我無需研究費用，開發費用爲零。總之，從裝置至材料全購自他國，再以自動化製造，這就是「台灣流」。

即使無基礎技術，無論是半導體或液晶皆採用這種方式。先有投資之事業主（也可能是國家），將從其他領域中賺取的資金，投注於全然不同的領域中，以品嚐其中美味，台灣的行事風格就是如此。因此，公司的規模雖遠小於日本與南韓，但活力以及熱力卻極驚人。因此，公司的經理人員不乏是三十餘歲的年輕人！

而我國最強有力的優點即爲通華語。所以許多公司在中國設有工廠，「若須從價格決勝負」時，便立即在中國的生產線進行生產。有中國這條路是他們的強有力之處。

從這一點而言，台灣採行的途徑與日韓全然不同。

◆落後的EU，關注於專利的美國

至於美國或歐洲的動向，只要看到柯達或CDT的專利，或許有人會認爲美國或歐洲可能較爲「先進」，但眞正而言，其實是遠落後於我國與日本、韓國。與其說歐美對有機EL的展望並不抱持樂觀的態度，倒不如說EU的企業已自顯示器市場撤退，原因是參與這方面的企業處境較爲困難的緣故。

ＥＵ之主流爲高分子系（polymer系），飛利浦、西門子等公司皆將眼光投注於高分子系，但一直無法到達量產水準，可以說已眞正遭遇到「量產的障壁」。其實，在研究室階層，對面積較小的基板利用旋轉塗布方法形成有機膜之薄層並非難事，但在生產線上同時製造數10片四○○毫米的基板便有其困難存在，這正是高分子的弱點。

針對這一點，由於低分子系係以多層方式形成薄膜，因此容易改良，現階段已有被動型全彩色的商品開始量產，但高分子系迄今仍無法推出產品，這便是歐洲的現狀。ＣＤＴ公司（Cambridge Display Technology）爲獲得有機ＥＬπ共軛高分子重要專利的公司，由於本身並無量產能力，因此正與日本精工或ＥＰＳＯＮ等接洽進一步的合作事宜。

柯達公司則具另一種性格，美國的特徵爲較具投機性。美國公司不僅是在有機ＥＬ方面，其他一些具有概念的人也大多是先取得專利，然後將專利賣予日本的廠家，本身並無量產的意願。先取得有價值的專利，然後以此做買賣便是美商採取的戰略。

城戶 NOTE

飛利浦公司已於2002年完成單色高分子電驫刀顯示器的實用化。

◆若在這種狀態之下，日本「被逆轉之日」必將來臨

現今，能夠完全製造出材料或顯示板面的國家唯有日本而已，這也是足以傲人之處。關於面板的量產技術方面，東北先鋒公司米澤工廠的產量已達95%以上的高水準而技冠群倫。若從產量看來，其他國家的量產技術水準仍遠遜於東北先鋒公司。

但日本並不能夠因此便沾沾自喜，日本的裝置製造廠家極爲優秀，從裝置的性能以及使用的容易度等細部方面皆經過精心的改良，裝置水準因而大幅向上提升。經過數年之後，只要購買日本的裝置，則任何人皆能夠製造出相同水準的產品，從另一方面而言，屆時，日本與海外的製造技術便無任何差別。

「日本人聰明，機靈又好學，日本的企業經常針對購入的裝置，在現場進行改良，但並未將其資料回饋至裝置製造廠家而獨自保留其間的專門技術，因此，裝置製造廠家不易對於製品進行追蹤」……。確實，筆者也曾感受到日本企業的這種性癖，但……。

事情有2就有3、有3就有4。鋼鐵、半導體、液晶等皆以相同的模式節節敗退。雖然「別人並不容易追趕」，但「只要時間一久便終究會被追上」應該是相當自然的想法。實際上，既然對手已網羅了許多優秀的技術人員，那麼，也必然

會取得所有的專門技術。

「All made in Japan」以這種戰略欲攻城掠地必然沒有勝算。這種情況若持續下去，「有機EL形勢翻轉的日子」必然爲時不遠。

◆日本的材料製造廠家恐怕只是「白忙一場」

實在是相當可惜的一件事！迄今爲止，日本一直執有機EL的牛耳。「在有機EL上，難道日本沒有任何作爲築起圍牆進行自己保護？」也許有人這麼認爲，但事情顯非如此。由於情況與液晶相同，液晶演變至今日的情況雖然是經過數年的時間，但顯然的，有機EL也會依循相同的途徑，而且時間上或許更快也未可知。

我國與南韓必然也會採取與以往相同模式的作法。筆者曾多次與台韓的公司主管見面，彼等也對以往公司進行的模式深具信心。

「不錯，到頭來，有機EL的面板製造業或模組之製造業將會拱手讓人，但至少日本也擁有材料上的優勢而獲利。」是有一些人抱持這種看法。

不過，是否如此也相當令人懷疑。原因在於日本製造有機EL材料的廠家不下20家，即使市場急遽發展而需求量提高。但20家的材料製造廠實嫌太多，這麼多企業爭食的餅並不大，即使是液晶產業中，現今也只是一小撮材料商繼續原來的事業而已。

例如，日本出光興產爲現今最頂級的有機 EL 材料製造商，若其他廠家開發出更優良的材料，並以更低的價格推出時，則買方必然會立即轉移至新產品，這本來就是市場的特性。在這種以材料決定產品良否的範疇中，即使是最頂尖的材料製造廠也不能夠大意而遭淘汰。

確實，就整體而言，類似日本的出光興產等材料製造商，若獨自開發的特殊材料以高價位販賣時，能夠獲取可觀的利潤。但由於具有上述的市場特性，今年獲取利潤並不代表明年也將如此。經過一段時日之後，我國與南韓的材料廠商也將開始研究，若發現良好的材料時，則面板的製造必將變成我們的天下。

如此看來，日本非得徹頭徹尾全力投入開發工作方能確保原來的優勢。

至於專利戰略方面也不能不加以正視。在思考對付專利的策略之前，擬在此簡單提起與專利有關的事宜。尤其是對付柯達與 CDT 專利的問題。

城戶 NOTE

以高價格販售：雖是玩笑之語，但可稱為「較興奮劑更高價的發光材料」。

2 針對柯達與CDT專利的對策

◆日本專利數量居壓倒性地位、交叉許可居世界之冠

統計有機EL的專利數量可知，日本所獲得的專利數量居壓倒性的多數。若仔細加以觀察不難發覺，不只是有機EL而已，舉凡材料、面板的構造、元件的構造等，概括而言，日本發揮了強而有力的組合。從這一層意味而言，可以說「在專利上，我國與南韓皆在日本之下」這是現今的狀況。

不過，較慶幸的是日本的電機製造廠，許多商業行爲均與海外合作，貨物的交換成爲現今商業現狀，便演變成相互間的「交叉許可（cross license）」。

如此，日本企業在液晶方面所獲得的專利技術，立刻便被南韓企業模仿，結果形成技術外流，瞭解之後又難以提出訴訟，其間又存在著許多障礙，這裡能夠訴訟

與「有機 EL」有關的論文數

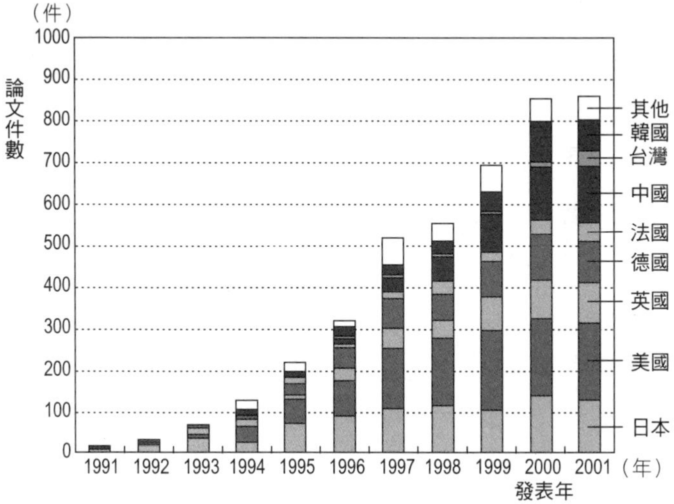

與「有機 EL」有關的美國專利新登錄件數

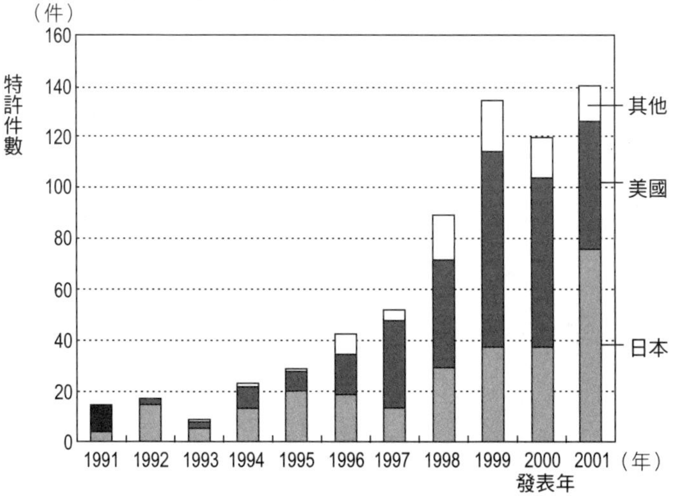

資料提供：日本經濟產業省「技術調查報告（第 1 期）」

但那裡又無法訴訟，不僅如此，甚至連專利權使用費也不保。既然進行這種商業行爲，那麼雖然「日本在專利方面占有優勢」，至少對南韓而言並無任何效果。

但對我國而言，專利這種戰略便具有功效。在台灣，生產CD-ROM的公司染指有機EL領域，塑膠製造廠家也將手伸入有機EL範疇，由於是涉入完全不相同的領域，因此還能夠以專利加以壓制。

◆柯達的專利——並非無法迴避

有機EL中無法忽視的專利有

①柯達公司的重要專利（低分子系）

②CDT公司的重要專利（π共軛高分子系＝polymer系）

首先必須在這裡大聲疾呼並起而迎戰的是：「柯達所提出的專利雖然是重要的專利，但並非基本專利」。報導上經常提及「柯達公司的基本專利」這種講法，但這是不正確的說法。大家應瞭解柯達公司的專利，確實是一項重要的專利，但並非「無法迴避的基本專利」。

有機EL爲一九六〇年代便已存在的技術，「利用電極將有機物呈三明治狀

城戶 NOTE

利用專利限制：經常與國外的企業家進行「P公司的該項專利極為麻煩，應如何取得其授權？」之諮商。由此可知，專利也非萬能的障壁，但在某種情況之下，專利仍相當有用處。

構造使發出光線」的這種構想，以往便曾多次被提及，這並非專利。事實上，若欲指出柯達公司能夠以什麼樣的專利作爲限制的依據時？那應該是「形成極薄的有機物，採行積層之構造以提升效率」這一點。膜厚在1微米以下，重疊電洞傳輸層、電子傳導層——這在有機EL的世界中雖然是重要專利，但筆者一直主張「若能夠對這些加以迴避時，這種專利便非基本專利，而爲重要專利」。而且，柯達的該項專利至二〇〇三年便已消失。

如何迴避柯達的專利？首先，不使用類似柯達公司的這種低分子材料，而使用高分子系的材料即可。無論如何，非使用低分子系材料不可時，則不採行積層構造，而採行單層結構即可。若開發出載體注入的平衡性良好，發光效率高的材料，因而能夠採行單層構造時，所有的問題便迎刃而解。

本來，基本專利指得是若不採行這種方法時便無法成功之意，事實上，在有機EL的場合倒是能夠找出若干迴避之道。

雖然「現今有機EL技術之主流爲積層構造」這種看法應屬正確的看法，但其實存在著單層構造或混合層（電洞傳輸材料上同時蒸鍍電子的材料時，便可適用於雙方）等迴避的方法。對於製造廠家而言，致力探尋迴避之道，並同時尋求新材料乃爲解決問題的上策。

◆ＣＤＴ專利的對策

另一專利爲Cambridge之專利或ＣＤＴ公司（Cambridge Display Technology）的專利。與使用低分子系材料的柯達專利不同，此專利爲使用高分子系材料。

雖然ＣＤＴ專利爲高分子系方面的專利，但其只不過是使用π共軛的材料而已，使用材料相當受到限制。由於高分子系材料相當多（參照第5章），若不使用π共軛材料時便無侵權問題。因此在塗布高分子系材料的場合，若詢問ＣＤＴ專利是否爲必須時，其答案爲斬釘截鐵的NO！而且也有多種迴避方法存在。

例如，假若高分子系特徵爲：「利用塗布方法，使高分子系材料高效率地形成薄膜」時，那麼，只需找出能夠塗布的低分子材料即可。無論如何必須使用高分子系材料時，只要不使用π共軛高分子材料即可。只是高分子系中雖然存在「σ共軛系高分子」，但屬於矽系之高分子，現階段在這個領域中尚未找出合適材料。因此，「從迴避π共軛→矽共軛系高分子（矽系高分子）時，便能夠迴避」，筆者等人在10餘年前便曾使用矽的高分子，但壽命相當短，因此放棄這方面研究。

城戶 NOTE

迄今為止，日本國內的企業看見柯達公司的論文後，緊隨柯達方式之後追趕才勉強達到量產的水準。若以另外的角度而言，可以說是延續缺乏創造性的研究開發，是否應考慮這種發展方式，實有待商榷。

◆塗布寡聚物（oligomer）、枝狀聚物（dendrimer）之方法

關於低分子與高分子的分類，基本上其定義為：「低分子系為分子量 1 千以下，高分子系為分子量 1 萬以上」，但尚有分子量介於其間的其它材料存在。分子量較低分子系為大但較高分子系為小，且分子量並非如同高分子系那般參差不齊，而是呈整齊排列（類似低分子系），也易於處理的寡聚物（oligomer）或枝狀聚物（dendrimer）便屬於這種材料之列。

塗布寡聚物（oligomer）之構造

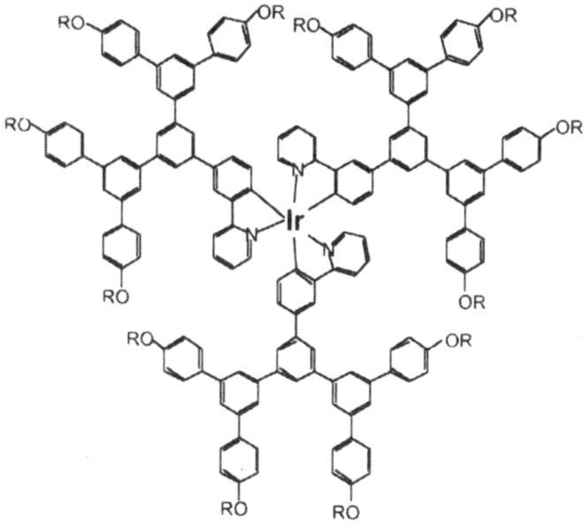

因此，塗布寡聚物或枝狀聚物也許是最佳的選擇也未可知。

只是在這裡必須要加以說明，CDT 織成之網清楚的是針對「高分子」，而且一般的化學者之間認為「寡聚物或枝狀聚物並非高分子而屬於低分子系」，依教科書或研究者的不同，在定義上存在著微妙的不同。另外，活用塗布的特徵，若設法將低分子材料予以高分子化時，也能夠獲得相當優良的薄膜。細加考量

城戶 NOTE

σ共軛系高分子：σ共軛的研究現今仍持續進行中，相信相當的困難。

枝狀聚物（**dendrimer**）：就如同樹枝一般向外伸展構造的球狀分子，使用於凸版印刷等產業。

之下，其實可以想出許多方案以迴避專利的束縛。

◆針對「摻雜色素」專利的對策

前面說明了「柯達的專利只到二〇〇三年爲止」，不過，柯達公司的重要專利中，其實尚有一項專利，也就是「摻雜色素的專利」。

前面已說明，摻雜色素爲提高發光效率的方法（內部量子效率），爲相當優良的構想，爲避開該專利的束縛起見，只需研發出不需採行摻雜也具有高發光效率的材料即可。現今已出現無需摻雜便能夠以高效率發光的材料。只是現階段仍使用摻雜的方法，相信將來很有可能無需再使用這種方式。

本來，摻雜之作業只是使用1～2％的濃度，濃度稍有變化其色澤或效率便大幅變化，處理上相當棘手。在這種意味之下，「開發無需摻雜的材料」乃成爲現今材料製造廠家的當務之急。

城戸 NOTE

與色素摻雜有關的 US 專利將於 2007 年截止。

3 「集中研究」型的國家計畫

◆將3支箭綁在一起

迄今為止，日本的企業家似乎較傾向於單打獨鬥，而且是在不受國家保護之下奮鬥。不論是在那兒，總是群敵環視，如此一來，不需多加說明也可知必定無法成事，日本的企業家如果不互相團結便無法成功！

另外一點，注目的眼光容易投注於最終商品的面板上，事實上在有機EL的場合，存在著「材料主宰一切」的關鍵，若材料製造廠與面板製造廠不相互支援，結果將是無濟於事。

若任由企業本身獨立運作，咸信將無法向前跨出步伐。必須以有機EL為核心，藉由人、組織等建構一套良好的體制，相互協力。日本解決的對策之一為從二〇〇二年開始實施的有機EL國家計畫，筆者即有幸擔任該計畫的領導人。

在該計畫中，不僅是集結日本與有機EL相關的「產、官、學」界而已，在產業範疇中，集合了包括材料製造、面板製造、印刷公司等代表日本有機EL的廠商共12家爲其主要特徵，而裝置製造廠也提供必要的協助。

其目標爲「製造60吋有機EL顯示器、柔軟的紙張型顯示器（電子紙）」的具體製品。事實上，也可藉由此項計畫期望獲得「各廠家的橫向連結」。

雖然列爲國家計畫，但若一如往昔那種企業各自浪費金錢，各自爲政時，開發速度必然遲緩，結果將敗於台韓手下，5年後必然市場上盡是韓製之面板。任由這種情況自然發展必自食惡果。

爲防止發生這種情況，若不集合國內的企業，將「產、官、學」或將「材料製造廠、裝置製造廠、面板製造廠」的三支箭牢牢綁在一起，絕對無法打贏這場仗！

◆集中研發方式以提高成果

日本以往也曾有過若干個國家計畫。但是，其中的多數皆屬「分散研究」的「散兵遊勇」方式。這種分散方式泰半是「每年預算10億日圓的研究費用，若組成的團隊爲10個公司，那麼每1個公司每年分配1億日圓預算，分別在各自的企業中研究所定的目標」之模式，並無計畫主持人。若其中有某些企業獲得金錢並獲得研究成果自是可喜可賀，但由於各企業大多隨心所欲，因此無法提出成果。高興的可能是一些能夠持續研究企業的主持人與裝置製造廠而已。

這次有機EL的國家計畫則採取「集中研發方式」。大學方面匯集全力，自朝至暮相互共同研討，互相提供智慧，開發適於目標所使用的材料，製作相關裝置，最終研發出良好的面板。材料製造廠家、盤面製造廠家、印刷公司全部共聚一堂，才是這次計畫強而有力之處。

實際上，計畫依照不同的課題而分爲三項：

①山形大學……研發60吋大型面板的製程；開發高效率之材料、高效率之元件，長壽命之元件等。

②筑波產業總合研究所……塗布型有機電晶體技術（次世代有機半導體技術）。

③千葉大學……蒸鍍型高性能有機電晶體技術（次世代有機半導體技術）。

首先，眼前主要課題的有機EL大型顯示器係以山形大學爲中心進行研發，若該計畫完成，則參加成員便可立即投入生產60吋面板，或以較低的成本使用大型基板製作小型顯示器，製造並販售高效率有機材料，這些均是目前的主要課題。

接著是有機電晶體的技術，由筑波產業綜合研究所、千葉大學負責。有機電晶體（ＴＦＴ）爲使用有機材料以取代以往使用的矽所製造的電晶體，這項計畫爲相當龐大的計畫，屬於一種未知的領域。也就是利用有機電晶體以驅動液晶或有機ＥＬ的計畫。可以說是開發有機ＴＦＴ以挑戰現今使用低溫多晶矽ＴＦＴ的主動型有機ＥＬ顯示器計畫。以現今之技術，低溫多晶矽只能製作於玻璃基板上，爲使能夠達成紙張型顯示器（電子紙）起見，ＴＦＴ本身有必要以有機材料製造，在這種情況之下便必須研發有機ＴＦＴ，這方面的進展也相當樂觀。

本來，城戶研究所基於常與國內外逾20家公司接觸的關係，當化學製造廠商（材料製造廠商）製造出有趣的材料時，大多會透過研究所介紹電機製造廠商，在現場進行材料的測試並評估其性能，然後反饋至材料製造廠商，也就是擔任仲介之角色，使兩者之間有良好的連繫。

若以此種國家計畫取代以往個人式的研發型式，咸認能更順利推展研發作業。

◆被動式60吋顯示器的製作途徑

眼前筆者的目標為60吋的顯示器，考量的並非主動式，而是被動式顯示器。最初為畫素較大的VGA型（電漿顯示器亦同），之後則朝向高解析度目標進行。

既已訂定「蒸鍍低分子系方式」之方針，則最先須加以研發的項目為：如何在大型基板上利用眞空蒸鍍方法塗布均一薄膜。在進行60吋基板蒸鍍時，設備勢必相當龐大，如何以較小型的裝置，低成本方法予以製作將是研發重點之一。

只是，在達到60吋的尺寸後，伴隨的問題為必要的亮度將隨之提高，這一問題必須善加考量。例如個人電腦用顯示器的場合，稍大的20吋顯示器也只不過一〇〇燭光而已，家庭用20吋電視則約需三〇〇燭光。雖然是相同尺寸，由於個人電腦使用的距離較近，故稍低的亮度亦能夠被接受，但電視這種使用距離較大的場合，亮度便有必要進一步提高，尺寸擴大至60吋時，需要的亮度為五〇〇燭光以上。

提高亮度，即使是使用相同元件，亮度愈高時壽命勢必更為縮短。也就是在大型化之際，更應該加強元件的長壽命化。就壽命而言，二〇〇三年所能夠達到的壽命約為數萬小時，由於新材料陸續被開發，3年之後約可達數10萬小時。如此一來，對有機EL而言，即使是一〇〇吋級的製品，壽命已不是問題。

城戶NOTE

數10萬小時的壽命：1日使用8小時，可使用100年以上。

4 有機ＥＬ村將對企業提供支援

◆以縣之計畫補助國家計畫

雖然「國家計畫」相當重要，但若僅是如此時，並不足以成功塑造出有機ＥＬ產業。為使有機ＥＬ產業能開花結果，有必要訂出地域集結型的其他計畫加以補充，此即為「縣計畫」。非僅是有機ＥＬ而已，液晶、光電等各種產業也莫不應該如此。因而日本提出包括有機ＥＬ等與電子有關的「山形有機電子計畫」。換句話說，這裡提出一個構想，就是計畫在山形地區造成「有機電子村」。

其它構想包括在青森或三重縣籌設液晶村、在靜岡縣設光電村，在山形縣集結有機半導體的產業。各縣分別發展具有特色的產業，培養並活絡各縣的中小企業。

首先須設置作為核心的研究所，在研究所中集合各企業人材，從事用以補充國家計畫的研究開發、具體商品或進行半導體元件的開發工作，集合力量方足以成事。這種做法的目的之一為：最近大型企業中多已取消中央研究所，並逐漸停止基礎研究，而此計畫則可用於填補這種不足。現今企業泰半僅進行眼前的研發工作，至於10年、20年後的研究則暫時束之高閣。

視各縣的產業特徵設立相應的研究所，俾使擔負全體日本企業在該產業範疇的中央研究所功能。關於有機EL，可在山形縣設立有機電子研究所，擔負有機半導體領域的全日本中央研究所功能。因此宜自各企業網羅優秀人材，嘗試將該處所獲得的專門知識技術，轉移至一般企業。非僅是縣而已，國家也應集中投入研究資金，不浪費而有效率地進行計畫。參加的大企業，共同研究有機半導體技術；中小企業則進行商品研發，或利用研究所的設備試製商品雛形。以往，有機半導體的相關研究，初期投資相當龐大，中小企業根本無法負擔。若藉由此方式，中小企業從業人員能夠進行商品的開發，大企業的先進技術水準更能加以提高，創造出更多的機會。

如此一來，企業側便可以大幅縮減研究開發費用。這時，國家或縣便間接對所有參加的企業提供補助。以往從基礎研究至研究開發皆由企業自理，若將該部分委由國家與縣負責，咸信能夠使國內企業的競爭力得以復活。

◆製造照明的公司將因而興起

除顯示器外，有機電子村的另一個構想爲，共同設立能量產類似白色日光燈的照明公司。這種公司也需要國家或縣級的支援，共同以較低的成本量產「發出白色光的有機 EL 面板（照明）」，並將該面板提供予中小企業。對中小企業而言，由於發出白色光的有機 EL 面板極爲明亮，若有企業將之應用於家庭用照明，便可作爲遙控型的背景光源或時鐘的背景光源。

若該公司能夠以低價位供應零件至中小企業時，將是一極佳的策略。乍聞「中小企業策略」容易使人聯想到補助金之形式，眞正的中小企業策略，重要的是能夠給予良好的環境，使以較低的價格製造優良品質的產品。因此，該新公司宜動腦開發新產品，開發一些應用於紙張型顯示器、白色光面板等方面的零件，至於製造何種產品則由中小企業本身決定。

如上述，有機 EL 的發展結構應是適於大企業的國家級計畫，及配合中小企業策略的山形計畫 2 段式結構。現今企業必須攜手合作，唯一對策爲實現國家級計畫以及縣級計畫。僅憑單打獨鬥欲獲得成功必然是緣木求魚。

5 台、日、韓「經營者」的不同

◆經營者之權責宜分明

爲使國內企業在21世紀裡能夠獲勝，首先「必須改變經營者」。擔任經營重責大任的人應給予高薪但也必須負起相對的責任。任用能夠自上而下嚴格執行政策的人爲經營人材。

除了國內企業的相關人員外，筆者也與南韓三星公司等企業的若干高層人士晤談。據筆者的了解，這些人士與日本的高層人士全然不同。

最近，日本的電機製造廠家似乎有了些微的變化。當A公司伸入X領域時，其他公司也競相投入X市場；B公司加入Y市場之後，其他公司也一齊想在Y市場分得一杯羹湯。身爲主管者，由於深恐日後遭受「何以當時不採取行動進入該領域？」的指責，而硬著頭皮參與該市場。液晶電視或電漿電視，只要有人成功，其他公司便立即跟進。

其結果，即使運氣不錯，市場規模大，但競爭者衆多，獲利機會便隨之降低，每個公司最後並無法回收初期的投資。由於競爭激烈而不得不尋找生產成本較低的地區時，便發現台灣是不錯的地方，如此一來又競相地押在台灣一方……，全部都是這種相同模式的連續篇！

Sharp 等公司則表現得相當不錯。Sharp 公司特別針對液晶全心投入，並作了相當大的賭注。就由於如此，遂使人認同其品牌「液晶就買 Sharp」。這種日本的企業相當難得，也相當地好。

但遺憾的，許多國內企業到了今天仍不能明確的瞭解到「我這個公司應該做什麼？」。看到 Sharp 的成功便認爲「我們也有顯示器的技術」或「我們深具這方面的歷史」而步其後塵踏入該領域。到頭來，連低溫多晶矽也無法製造，成本的競爭也敗下陣來，結果甚至將事業與專門技術轉賣至他國。僅是如此尚不打緊，這次看見ＩＢＭ的成功，也有大企業認爲「可以藉維護賺錢」；不僅是液晶而已，甚至連半導體事業也一併出售而從製造業抽身，這種行事方式不得不使人大感遺憾。

◆認為「可行」便一氣呵成加以攻占的南韓企業

南韓企業高層的作法便大不相同。與其觀察其他同業的動向，倒不如說，只要認為「這個市場有潛力！」便全力投入，從研究開發，商品化一氣呵成，正如南韓經營者曾經說過的一句名言「疾風怒濤」一般，就是這種勇往直前的作風才令人驚畏。推動一件計畫，之前先注意其他的形式風格，靜觀其變，並不伸出染指之手，分辨「有所為、有所不為」之後再帶動公司前進。

但在日本企業的場合，自始便如同裹小腳一般以小步伐與人征戰，甚至到了決勝關頭猶不能自知而作出關鍵性的一擊。由於前進與否係由高層所作的決定，繫於「高層之資質不同」也是莫可奈何的事。總之不輕易以公司的運氣作賭注。

日本企業中，深入有機 EL 領域的公司為 Pioneer（先鋒）。一九九七年便已推出世上最早的有機 EL 製品。

Pioneer 雖然是音響製造廠。考量將來音響的領域並無法繼續在日本製造，因此在電視等影像領域，尤其是電漿顯示器（PDP）與有機 EL 上絞盡腦汁，有意全力攻占這方面的市場，就因為如此，Pioneer 才能夠推出世界上最初的有機 EL 製品。如今東北 Pioneer 獲得了日本產量第一的成就，Pioneer 真如其名，確實是先鋒。

高層人員本身是否具有看清「什麼能夠做」的能力？在作成敗的抉擇之際，是否具有高瞻遠矚的魄力——「觀察機會的敏銳力與果斷之判斷能力」的資質，遺憾的是在國內企業中似有不足。若採取與其它公司相同的行動，即使有大餅可供分食，但大家分食終歸無濟於事。

在這種意味之下，松下與東芝擬合併（東芝松下顯示器科技），共同研發製造液晶或有機 EL 顯示器。或許能夠脫離「我們公司如何、我們公司……」之巢臼而有一個明智的決定，雖然感到起步有些落後，但……。

◆企業致勝之道惟此一項而已

筆者自有機 EL 初期便一直這樣期待著：嘔心瀝血深入研究的日本企業能夠從有機EL中獲得勝利。從客觀角度來看，日本企業具有「世界最先進的技術」，這是不爭的事實。但付出這麼大的苦心若任令其自由發展，則今後必然再度嚐到失敗的苦果，重蹈半導體，或液晶的覆轍。

那麼，究竟日本要如何才能夠致勝？爲使國內企業能夠對以往所付出的辛勞獲得補償，究竟應該如何？

總而言之，除了「國家的援助」之外，別無良策。

無論是台灣或南韓，皆有優惠稅率的措施，但日本則沒有這種政策，而所扣的稅也與先進國家中的最高稅率相同。如此一來，非只是人工費而已，僅是稅率便使成本提高了許多。應該如美國一般，必須以國家整體來考量顯示器產業。

就以這次日本的國家計畫而言，早在三年前便已大力提出呼籲，好不容易到了二〇〇三年秋天才開始起步，若四年前便開始實行，那麼，研究開發工作必然往前邁出更大的步伐，與外國之間必然有更大的差距，在時間上讓他人有難以追趕之感。

不只是時間的問題，在這方面挹注之資金亦少，一年的預算只不過是10億日圓而已，南韓的三星公司，只是一個公司的獲利便達四千～五千億日圓，能夠自由挪用的資金與日本比較，其間眞有天壤之別。

在日本，「半導體爲產業之資糧」，已投入數百億日圓之資金，這本是好事，只是，處於國家戰略地位的顯示器，相關之計畫應該是極爲重大的計畫，但每年只有區區的10億日圓，不得不令人感到遺憾。若不將該資金投注於製造業，而只會增建高速公路時，必將使日本帶來困境。

◆必須有縣級單位的協助

不只是國家階層而已，地方的層級也有必要進行意識的改革。

以山形縣為首的日本東北地區，一些公司逐漸關閉。本來，山形地區的租金較低，因而認為「工廠建在這個地方時，能夠以較低的成本製造產品」從而吸引一些公司前來設廠，這也是今日的實際情況。

但今日的態勢則是：若將工廠建於中國、泰國、越南、菲律賓時，工資更為便宜，因此在東北地區建廠的誘因減低。今後，前來投資設廠的可能性將較出走的廠家為少，縣政府也開始苦思對應之策。

在思考其中的對策時，使人感到興趣的是日本青森縣的作法。

青森縣在液晶產業的招商上吃了敗仗（敗在三重縣之手）。大家都會這麼想，今天的青森縣「應該不會看到液晶產業了」。不過，青森縣的作法則相當的耐人尋味，尤其是「租賃工廠」的點子非常地好。這個方案是：只要前來青森縣的特定地域（陸奧灣對面的地區）投資時，包括工廠用地、工廠設備等，所有經費皆由青森縣負擔，按既定的方式償還。即使尚未向銀行貸款，也可以隨時開創事業。

因此筆者主張「山形也應比照青森縣」。尤其是山形縣內的米澤地方至東京只

城戶 NOTE

舉目所見…：許多日本公司老闆有相同的毛病，自己本身對產業並無遠見，總是「隨著流行起舞」，到處竄風盡是相同的產業。

有2小時車程，能夠一日來回，是縣內最佳的地區，米澤牛也相當不錯。

我們的意思是：在山形計畫中，將研究所（國家級的集中研究所）集中在這裡，周邊廣建租賃工廠，開闢工廠用地，前來設廠的企業在5年內免稅，而租賃工廠也以極低的價格出租。若有必要，可比照青森縣，甚至由縣負擔全部必要的裝置費用，待日後償還。

研究所匯集所有的智慧，備齊製造有機EL的各項設備——若這種狀況可行的話，有機EL產業便能夠逐漸集中於山形縣，其結果，國家或縣政府便間接的對企業提供補助。

東北先鋒的米澤工廠專門生產有機EL。而且，東北先鋒為有機EL關連企業之中最優秀的企業。其米澤工廠一條道路之隔的對面為旭硝子精密科技的ITO基板工廠，也設有研究有機EL的大學。

備有基板工廠，量產有機EL的工廠，也有擔任基礎研究的大學！若這裡也有象徵最先端的研究所時，則建造租賃工廠後便容易匯集有機EL的相關企業。

因此，國家或地方層級若能依這種方式協助國內的企業時，便能夠使企業回春，並延長地域的活力。

6 活用大學裡的智慧

在此呼籲企業更應該活用大學裡的資源。大學中有許多博士學位的研究人員。當某一企業計畫研發某種材料時，若撥出一千萬元左右的經費給予大學的研究室時，便能夠使10人左右的學生盡全力投入研究工作。公司的新進人員也約需支付一千萬元的經費，但這些年輕人即使經過3年也不容易提出成果。比較之下，讓具備有機合成技術的大學老師進行研究可能更為實際。

◆由於是中小企業，因此更應該如此

最近，大學的意識已有較大的變化，以前，與企業共同研究的所謂「產學合作」進行得並不順利」，但現今已有逆轉的跡象，有關部門已強力促進產學合作，對企業所設的門檻也大為降低。

但是，對中小企業業者而言，大學總讓人退避三舍，有時會擔心「會不會被認爲，中小企業這個老爺子來此有何用意」。事實上並沒有這回事，若有任何問題，希望逐步地敲開門扉，若非如此，那就相當可惜。因爲大學藉全民的賦稅而得以存在，希望各界能夠更有效率地利用大學的資源。

當然，中小企業可以委託大學進行某種方面的研究。雖然需要支付研究費用，但若與自行聘請人員進行研究相較，委託大學研究將更可節省經費，且可縮短研究時間，與大學共同進行研究，相信效果會更爲顯著。

在有機 EL 的場合也相同，委託某大學進行高分子系的材料研究或被動式顯示器的驅動研究等，所需的相關費用將遠低於公司內 3 人職員的費用，而且能夠獲得效果，愈是中小企業愈宜活用大學資源。

◆企業向海外撒錢是愚鈍的行爲

反過來，一些大企業則毫無意義地將大把鈔票撒入大學裡，尤其是海外著名的大學，這是愚鈍的行爲。大概國人比較不相信自己，有時並未眞正的對於實力加以評價。在研究費方面，對 MIT 一出手就是數億日圓、加州大學聖塔巴巴拉校則爲十幾億！

總之，與經營者相同，負責任者也在逃避責任。若與ＭＩＴ、史丹佛或哈佛這些名校攜手合作，即使未能獲得結果，總可以用「與哈佛大學合作也無法獲得成果，這是沒辦法的事」這種話來塘塞；但假若山形大學未能提出研究結果便會被苛責！所以還是將資金投入國內大學吧，除可提高大學的研究水準，智慧財產也能夠留在國內。

希望各界能夠對這些多加考慮，與其依賴他人，倒不如莊敬自強，不是嗎？

後語——共同嘗試新的致勝模式！

筆者經常與20～30個企業的相關人員共同研究，或透過講座相互切磋，驚覺於其中各企業的伙伴企業們皆相當的具有同質性。A公司投入、B公司也投入，大家差不多在同一時期，同一地域競相投入相同的產業。「哦，C公司！可要小心哪，若是這個樣子走下去時，將會落入B公司3個月前那種失敗的模式啊！這種選擇錯誤嘛！看情況，有時還眞的想要拷貝B公司的資料讓你看看……。」

大家做相同的事，事實上這是相當可惜的事情，總是時間與人力的浪費！不錯，就某種研究而言，A公司投入，其結果最好能夠與其他公司共享；B公司、C公司則進行另外的研究工作，也將其結果提供各方使用。本書中也作多次呼籲，提出這種橫向協助的構想，日本的有機EL國家計畫就是這個樣子。

因此，第一個要點爲設法提升研究開發的速度與效率；第二爲各別提供本身的專長進行交流，三支箭綁在一起以發揮力量；第三則爲設定大目標並予以達成。而且，在達成過程中所衍生出來的技術、Know How 也可以逐步的轉移至民間企業。

◆以實現極限的顯示器爲目標

接下來，現在應從事的工作爲：

①60吋大型顯示器

②主動式塑膠薄膜全彩色顯示器

2項。現在國內並沒有一家與有機 EL 相關的企業設定這種大目標並傾全力「設法將之實現」！還沒有一個地方正在實現這種類似夢想的工作。這種遠大的目標必須是在國家提供資金、各個企業提供本身的專長並相互支援、進行橫向的連繫、資料共享之下方才能夠達成。

這種計畫便類似於阿波羅計畫，挑戰的是迄今爲止人類尚未觸及的

「極限顯示器」的計畫。

達成這項計畫期間，將會在發展過程中衍生出各種新技術。例如，處理大型基板的眞空技術成熟後，便可以利用這種技術，使現今的事業降低成本或減少材料的開發工作。

到達終點之前，每天有可能出現各種專門技術、知識或構想，企業可逐漸享受這成果，對於設定的大目標也可較其他國家更早一步到達。

如此，設定一目標，在這五年間朝向目標邁進，並不只是看「5年後」的結果，對現今的事業也有正面作用，將來更可能帶更大的利益。

「以5年爲期」指得是5年後能夠展示60吋顯示器或可彎曲的顯示器。由於我們並非製造與販售商品，若有企業希望將之商品化，只要提出資金便可以投入生產。

◆向眞正的「使國家復活」前進

今後有機EL將如何演變，那就要看國家或地方階層的態度如何而定了，尤其是國家爲最關鍵之點。若企業間各自爲政，結果將會產生人力費用的問題，前往中國或新加坡設廠便將成爲唯一被考量的對策了。

在這種場合，縱然特定企業能夠獲利，但若將生產線設於菲律賓或越南等地，而國內並無生產工廠存在時，勢必導致失業率增加，這種作法完全是本末倒置。

「藉有機ＥＬ復活」指得是什麼？我想那應該是「國內有量產的工廠、國人在工廠裡工作、使用國產的裝置、使用本地的材料，製品大量銷售」——到了這時才眞正算是復活。

在預算充裕的時代，可以到處興建高速鐵公路。但是，單只是促進營建業並無法使國家再生。若不對製造業加以輔導，則國家便無法復活；若不專心致力於製造業的考量，將資源投入生產業時，便無法再生。欲活絡地區但僅止於開闢道路時，那麼在營建業竣工之後便告完了，但製造業卻可以永續經營，能夠使地區的人有穩定工作並僱用較多的人員。

雖然如此，並不是「我們備有工廠用地，無論何種產業皆可，歡迎各種產業前來設廠」的作法。每一個縣應該認眞考慮「我們的縣應該有什麼？」、「希望自己的縣發展這種企業！」適當加以選擇。譬如日本的山形縣適合發展有機半導體、三重縣發展液晶、靜岡縣發展光電產業、岐阜爲微中子……，各具特色。切莫因爲A縣發展液晶，我們也要發展液晶，而其他縣也要發展液晶……。希望各縣能夠分別以自己的雙手建構各自獨特的產業。

地方本身敞開心胸，若集結某種產業，自然能營造出容易吸引企業前來投資的環境，若地域不進行意識改革，國內工廠將必然日漸消失。

今天，在有機EL方面日本保有世界第一的技術。毫無問題國內企業的實力名列前矛。有機EL非僅是次世代顯示器技術的主流，從其可能性來看，也是「次世代產業之資糧」。

現今再也不能讓這致勝的機會流失。但是，若企業、地方、國家不依這一目標前進時，那麼必將重蹈液晶的覆轍。

不覺得有機EL是新的致勝良機嗎？爲了獲勝，我想各界應共同參與模索這方面的問題。

國家圖書館出版品預行編目資料

圖解有機 EL／城戶淳二著　王政友譯. --初版.
--臺北縣新店市：世茂, 民 93
面；　公分

ISBN 957-776-616-1（平裝）

1. 光電科學　2. 顯示器

448.68　93008471

通俗的・生活的

科學視界 52

圖解有機 EL

著　　者／城戶淳二
譯　　者／王政友
審　　訂／李俊毅
主　　編／羅煥耿
責任編輯／陳弘毅
編　　輯／李欣芳
美術編輯／錢亞杰・鄧吟風
發 行 人／簡玉芬
出 版 社／世茂出版有限公司
地　　址／(231)台北縣新店市民生路 19 樓 5 號
電　　話／(02)2218-3277
傳　　眞／(02)2218-3239（訂書專線）・(02)2218-7539
劃　　撥／19911841・世茂出版有限公司
單次郵購總金額未滿 200 元（含），請加 30 元掛號費
登 記 證／局版臺省業字第 564 號
電腦排版／辰皓國際出版製作有限公司
印　　刷／世和印製企業有限公司
法律顧問／北辰著作權事務所

初版一刷／ 2004 年(民 93)6 月
三刷／ 2006 年(民 95)7 月

定　　價／ 250 元